ABHANDLUNGEN DES METEOROLOGISCHEN DIENSTES
DER DEUTSCHEN DEMOKRATISCHEN REPUBLIK

Nr. 133 (Band XVIII)

Tagung Physik der Atmosphäre

Schwerin, 8. bis 11. November 1982

Teil I

Mit 22 Abbildungen und 8 Tabellen

AKADEMIE-VERLAG · BERLIN
1984

ISSN 0138-5658

Erschienen im Akademie-Verlag, DDR-1086 Berlin, Leipziger Straße 3—4

Lizenznummer: 202 · 100/440/84
Printed in the German Democratic Republic
Gesamtherstellung: VEB Druckerei „Thomas Müntzer", 5820 Bad Langensalza
Lektor: Dipl.-Met. Heide Deutscher
LSV 1465
Bestellnummer: 763 344 6 · (2023/133)
04800

Vorwort

Im 25. Jahr ihres Bestehens führte die Meteorologische Gesellschaft der DDR in Schwerin vom 8. bis 11. November 1982 eine wissenschaftliche Tagung mit dem Ziel durch, von Hauptgebieten der Physik der Atmosphäre einen Überblick zu vermitteln und in thematisch gegliederten Diskussionen — durch vorbereitete Diskussionsbeiträge und in Rundtischgesprächen unter Leitung des jeweiligen Vortragenden — einzelne Probleme und Detailfragen zu erörtern.

In dem vorliegenden Heft Nr. 133 und dem nachfolgenden Heft Nr. 134 der „Abhandlungen des Meteorologischen Dienstes der DDR" sind die zum Druck eingereichten Tagungsbeiträge und Diskussionszusammenfassungen enthalten. Aus Gründen des Umfanges wurden sie in Teil I und Teil II entsprechend der thematischen Folge des Tagungsprogrammes aufgegliedert, wie im einzelnen aus dem Inhaltsverzeichnis zu ersehen ist.

Inhaltsverzeichnis

Internationale geophysikalische Zusammenarbeit

Dynamische Meteorologie — Operative Wettervorhersage

Probleme und Anwendungen der Physik der Grundschicht

Inhaltsübersicht

für Teil II der Tagung Physik der Atmosphäre (Abh. des Meteorologischen Dienstes der DDR, Nr. 134)

Strahlung — Klima

Das Gesamtinhaltsverzeichnis für die Teile I und II der Tagung Physik der Atmosphäre sowie das Verzeichnis der Autoren werden im Teil II — Abhandlungen des Meteorologischen Dienstes der DDR, Nr. 134 — abgedruckt.

Verzeichnis der Autoren s. Teil II (Abh. Meteor. Dienst der DDR, Nr. 134)

Internationale geophysikalische Zusammenarbeit

Zur Mitarbeit von Wissenschaftlern der DDR an internationalen geophysikalischen Forschungsunternehmen auf dem Gebiete der Meteorologie. Ein Beitrag anläßlich der Jubiläen geophysikalischer Forschungsvorhaben 1982/83

von W. Böhme und H.-G. Körber[1])

1. Einleitung

Vor 100 Jahren wurden das 1. Internationale Polarjahr vom 1. August 1882 bis 31. August 1883, vor 50 Jahren das 2. Internationale Polarjahr vom 1. August 1932 bis 31. August 1933 und vor 25 Jahren das Internationale Geophysikalische Jahr vom 1. Juli 1957 bis 31. Dezember 1958 durchgeführt, das um ein Jahr vom 1. Januar 1959 bis 31. Dezember 1959 durch die Internationale Geophysikalische Kooperation erweitert und später durch das Internationale Jahr der ruhigen Sonne vom 1. Januar 1964 bis 31. Dezember 1965 fortgesetzt wurde.

Die Forderungen nach Zusammenarbeit von Beobachtern, von Forschern aus den verschiedensten Ländern zum Studium der globalen Phänomene oder auch regionaler Besonderheiten finden sich in den Bereichen der Geo- und Kosmoswissenschaften — wenn diese moderne Bezeichnung hier benutzt werden darf — schon in früheren Perioden der Wissenschaftsgeschichte. Die Wünsche nach wissenschaftlicher Kooperation erhielten jedoch erst im 19. Jahrhundert in der sich entwickelnden kapitalistischen Gesellschaft eine genauere realisierbare Form. Hier war es besonders das Gebiet des Geomagnetismus, das die Forscher zwang, die Komponenten des magnetischen Feldes der Erde durch gemeinsame, gleichzeitige (synchrone) und auf Verwendung gleicher Instrumente beruhende Messungen zu erfassen. Bereits Alexander von Humboldt, dem die Wissenschaften von der Erde soviel verdanken, hatte diese Grundsätze einer Wissenschaftskooperation für ein kleines erdmagnetisches Beobachtungsnetz (1828) ausgesprochen und mit anderen Forschern solche Beobachtungen durchgeführt. Zu einer internationalen Zusammenarbeit, die mit den späteren Vorhaben Gemeinsamkeiten hat, gelangten erst Carl Friedrich Gauss und Wilhelm Weber, indem sie zur Organisation gemeinsamer magnetischer Messungen an bestimmten Termintagen den sogenannten „Göttinger magnetischen Verein" begründeten, dessen Ziele A. von Humboldt aktiv unterstützte. (Die „Resultate aus den Beobachtungen des magnetischen Vereins" umfassen die Berichtsjahre 1836 bis 1841.)

Neben dieser beispielhaften geophysikalischen Zusammenarbeit waren die Forderungen nach Erfassung der atmosphärischen Zustände und Prozesse, also der Wetter- und Klimabedingungen, ein außerordentlicher Antrieb zur Ausführung gemeinsamer meteorologischer Beobachtungen und Messungen, die unmittelbar praktischen Zwecken, speziell der Landwirtschaft und der Seefahrt diente. Erinnert sei hier nur an das Wirken der Pfälzer Meteorologischen Gesellschaft (1780—1792) und an die Errichtung zentraler meteorologischer Institutionen und meteorologischer Meßnetze in den einzelnen Staaten zu Beginn und um die Mitte des 19. Jahrhunderts. Zu Anfang der 70er Jahre waren die Bedingungen herangereift, eine einheitliche Organisation für die Meteorologie und ihre Aufgabenbereiche ins Leben zu rufen. Nach der vorbereitenden Meteorologenkonferenz in Leipzig 1872 wurden 1873 die offiziellen Vertreter der einzelnen Staaten nach Wien eingeladen und gründeten hier die Internationale Meteorologische Organisation (IMO), die durch das Internationale Meteorologische Komitee (IMC) repräsentiert und geleitet wurde. Dieses Gremium war es auch, das die Anregungen zur Erforschung der Polargebiete aufgriff und durch die Gründung einer Internationalen Polarkonferenz die Vorbereitung und Koordinierung des 1. Internationalen Polarjahres veranlaßte und nach Abschluß der Polarexpeditionen die Auswertungen förderte.

Die Notwendigkeit, Beobachtungen und Messungen aus den unzugänglichen Gebieten der Erde, insbesondere den Polargebieten, zu sammeln und zu verarbeiten, war zwar oft erkannt, jedoch wegen der großen Schwierigkeiten kaum realisiert worden. Zu sporadisch und zu unsystematisch hatten sich Expeditionen in polare Breiten begeben (seit dem 16. Jahrhundert erfolgten etwa sechs Schiffsreisen in die Arktis in jedem Jahrhundert bis ins 19. Jahrhundert hinein). Meist standen diese Reisen unter dem praktischen Ziel, die Nordost- oder die Nordwestpassage zu finden oder unter dem vorwiegend geographischen Aspekt, den Nordpol zu erreichen, soweit es die Arktis betrifft. Noch deutlicher hatte sich schon F. Arago 1837 im Zusammenhang mit der Expedition von Dumont d'Urville in die Antarktis, als dieser zum Südpol wollte, geäußert: „Es ist also eine Reise aus reiner Kuriosität; verständige Leute unternehmen aber keine gefährlichen Reisen, wenn keine Frucht davon für die Wissenschaft oder den Handel zu erwarten ist" (Gaea 3 (1867), S. 559).

Hatte schon im Februar 1874 G. von Neumayer, Präsident der Norddeutschen, dann der Deutschen See-

[1]) Unter Benutzung von Beiträgen der Autoren zum Akademie-Kolloquium anläßlich des Beginns der Durchführung internationaler geophysikalischer Forschungsunternehmen vor 100 Jahren. Berlin 1982 (vgl. Literatur: W. Böhme 1982 und W. Böhme und H.-G. Körber 1982).

warte in Hamburg, dazu aufgerufen, die nächste „Maximalperiode der magnetischen und Polarlicht-Erscheinungen 1881/82“ zu nutzen und Observatorien „im Herzen der Polarregionen“ zu errichten und um damit die verschiedenen Aufgaben der Physik der Erde zu bearbeiten“, so gab der in Hessen geborene österreichische Schiffsoffizier und Polarforscher Carl Weyprecht die entscheidenden Impulse. Er sagte in bezug auf eine gemeinsame Polarforschung vor der Österreichischen Akademie der Wissenschaften in einem Vortrag vom 18. Januar 1875: „Unsere Beobachtungen, so interessant sie auch sein mögen, haben nicht den wissenschaftlichen Wert, der unter andersartigen Umständen (d. h. bei einer koordinierten Forschung) „zu erzielen wäre . . .“.

Auf der 48. Naturforscherversammlung in Graz im September 1875 legte C. Weyprecht seine Pläne für eine systematische Erforschung der Polargebiete im Rahmen eines Internationalen Polarjahres vor, die schließlich im 1. IPJ 1882/83 in gewisser Weise verwirklicht werden konnten. Obwohl Weyprecht selbst das 1. Internationale Polarjahr nicht mehr erlebte — er war am Ende seines kurzen Lebens (1881) „ruhmgekrönt und lorbeerbedeckt . . . gleichwohl ohne pekuniäre Erfolge“ geblieben, um schließlich „auf den Tod krank und ohne genügend Pflege“ darniederzuliegen, wie es in einem Bericht über Weyprechts Leben heißt, — überdauerte ihn seine Idee und gewann in späteren geophysikalischen Unternehmungen eine ungeahnte Wirksamkeit.

Als V. Bjerknes auf der ersten ordentlichen Versammlung der Internationalen Studiengesellschaft zur Erforschung der Arktis mit dem Luftschiff, 9.—13. 11. 1926 in Berlin einen Vortrag (am 11. 11. 1926) über die Polarfronttheorie hielt, betonte er ebenfalls die Notwendigkeit der Polarforschung, indem er sagte: „Nichts wird klarer sein, als daß wir die Polargegenden mit einbeziehen müssen, wenn wir die Atmosphäre der Erde auch meteorologisch zu beherrschen verlangen; es folgt mit gleicher Stärke aus dem Carnotschen Prinzip wie aus den rein empirischen Tatsachen, die man unter dem Namen „Polarfronttheorie“ zusammengefaßt hat.

Ein gelegentliches Durchfahren des Polargebietes hat aber für die Meteorologie keinen wesentlichen Wert an sich, sondern nur einen Wert als Einleitung für das wesentlichste: die ständige Kontrolle durch das Errichten permanenter aerologischer Stationen innerhalb der Polarzone.“ (Petermanns Mitt. Erg. H. Nr. 191, Gotha 1927, S. 59).

Neben den großartigen Erweiterungen unserer Kenntnisse von der Erde erbrachten die in den letzten hundert Jahren durchgeführten internationalen geophysikalischen Forschungen erneut die Bestätigung, daß die wissenschaftliche Erschließung der natürlichen Umwelt des Menschen nur durch eine gemeinsame, auf den Frieden orientierte internationale Zusammenarbeit gewährleistet werden kann.

2. Über die Beiträge von Wissenschaftlern der DDR zum IGJ/IGC/IQSY

Die in den beiden vorausgegangenen Internationalen Polarjahren entstandenen Traditionen über die Durchführung solcher Unternehmungen fanden auch beim Internationalen Geophysikalischen Jahr (IGJ) — 1957/58 — und dem Jahr der Internationalen Geophysikalischen Kooperation (IGC) — 1959 — und schließlich im Internationalen Jahr der ruhigen Sonne (IQSY) — 1964/65 — eine gewisse Fortsetzung. Natürlich ergaben sich im Laufe der Jahrzehnte Änderungen in den Festlegungen über die Beobachtungs- und Forschungsaufgaben wie auch in der Größenordnung der zur Verfügung stehenden Meßnetze. Das mögen einige Zahlen verdeutlichen: Waren zum Beispiel im 1. IPJ 12 arktische und 2 antarktische Stationen tätig, davon 2 deutsche Stationen, die eine am Kingua-Fjord am Cumberlandsund, Baffin-Land in der Arktis, die andere an der Royal-Bay in Südgeorgien in relativer Nähe zur Antarktis, so umfaßte das Stationsnetz des 2. IPJ bereits 40 Polarstationen. Dabei wurden von der UdSSR allein 16 neue Stationen eingerichtet. Das war um so bedeutungsvoller, weil das 2. IPJ mehrfach in die Gefahr geriet, wegen der Weltwirtschaftskrise nicht genügend teilnehmende Staaten aufweisen zu können. (Deutsche Stationen wurden damals nicht eingerichtet.)

Im IGJ und den nachfolgenden Unternehmungen wuchs die Zahl der beteiligten Stationen infolge des globalen Beobachtungs- und Forschungsprogramms auf rund 4000 in aller Welt an. Dabei waren gleichzeitig bis zu 30000 Wissenschaftler, Techniker und andere Mitarbeiter eingesetzt.

Galten die Beobachtungen und Forschungen auf dem Gebiet der Meteorologie im 1. Internationalen Polarjahr den Polargebieten als Kältereservoire und beschränkten sich die Arbeiten im wesentlichen auf die Erfassung der meteorologischen Elemente am Boden — für die Erfassung der Zustände in den höheren Luftschichten standen nur indirekte aerologische Methoden, wie z. B. Beobachtung der Wolkenzugrichtung, zur Verfügung —, so brachte das 2. Internationale Polarjahr eine grundsätzliche Erweiterung der Vertikalsondierungen mittels Pilotballonen, Drachen, Registrierballonen und schließlich der Radiosonden, die sich gerade in der Anfangsphase ihrer Entwicklung befanden. Auch wurden Flugzeuge und Luftschiffe für die aerologischen Sondierungen eingesetzt, wobei komplexe atmosphärische Prozesse in den höheren Luftschichten, wie die Wolken- und Niederschlagsbildung, genauer untersucht werden konnten, natürlich noch nicht so, wie es für eine synoptische Überwachung notwendig gewesen wäre.

Im Internationalen Geophysikalischen Jahr und im Jahr der Internationalen Geophysikalischen Kooperation erfolgten auf dem Gebiet der Meteorologie — zusammen mit der solar-terrestrischen Physik Schwerpunkte des IGJ/IGC — die Untersuchungen der aerologischen Verhältnisse durch den Einsatz einer weiter entwickelten Radiosondentechnik und in bezug auf die Forschungen in der Hochatmosphäre durch den Einsatz von Raketensonden und künstlichen Erdsatelliten. Durch sie konnte nun auch der erdnahe kosmische Raum mit seinen besonderen geophysikalischen Bedingungen erschlossen werden.

An Forschungsprojekten standen in der Meteorologie Fragen der allgemeinen Zirkulation der Atmosphäre und einzelner Zirkulationsmechanismen in den Tropen und in den Polargebieten sowie der meridionale Luftmassenaustausch u. ä., der Aufbau und die Struktur der Atmosphäre, der Strahlungs- und Wärmehaushalt und die atmosphärische Optik im Vordergrund der Arbeiten. Dabei wurden auf die Sammlung und die Auswertung der Meßdaten ein ebenso großer Wert wie auf die theoretische Analyse der untersuchten Prozesse gelegt.

Die Teilnahme von Wissenschaftlern der DDR am IGJ und den nachfolgenden geophysikalischen Unternehmen bedurfte zahlreicher Vorarbeiten, die besonders durch den ersten Direktor des Meteorologischen Dienstes, Prof. Dr. Horst Philipps, in Zusammenarbeit mit dem damaligen Vizepräsidenten der Akademie der Wissenschaften der DDR, Prof. Dr. Hans Ertel, eingeleitet wurden.

Die unermüdlichen Aktivitäten des Meteorologen Horst Philipps trugen wesentlich dazu bei, daß im IGJ und im IGC meteorologische Forschungs- und Beobachtungsaufgaben durch den Meteorologischen Dienst der DDR übernommen wurden. So waren von den 21 wissenschaftlichen Einrichtungen der DDR, die am IGJ/IGC beteiligt waren, allein 12 vom MD der DDR, neben 6 von der Akademie der Wissenschaften der DDR und 3 aus dem Bereich des Hoch- und Fachschulwesens.

Die DDR war mit 5 Stationen für synoptische Meldungen und mit allen 4 Radiosondenstationen an den täglichen aerologischen Aufstiegen beteiligt. Für die Forschungen auf dem Gebiet der Physik der Atmosphäre wurden gesonderte Meßprogramme durchgeführt. Daran waren für die Strahlungsmessungen bis zu 8 DDR-Stationen und für die Ozonmessungen 2 sowie für die Messungen der Luftverunreinigungen 14 Stationen eingesetzt. Das IGJ gab im übrigen — um das hier bereits zu erwähnen — in der DDR den Anstoß zu ständigen Messungen des bodennahen Ozons. Die DDR ist jetzt eines der Länder, in denen die längsten Meßreihen des bodennahen Ozons existieren. Auf Grund der Meßreihen in der DDR konnte eindeutig nachgewiesen werden, daß das bodennahe Ozon vor allem auch außerhalb der Städte und Industriegebiete einen ansteigenden Trend besitzt. Für die Aufrechterhaltung dieser Meßreihen hat W. Warmbt, Dresden, besondere Verdienste.

Es ist naheliegend, daß mit der Ausweitung internationaler geophysikalischer Unternehmungen auch die Sammlungen des Datenmaterials enorm gestiegen sind. Für das 1. Internationale Polarjahr umfaßten die Meßergebnisse mehr als 20 umfangreiche Bände. Auch wurden vereinzelt damals schon Tages- und Monatskarten der meteorologischen Elemente für das Jahr 1883 gezeichnet. Im 2. Internationalen Polarjahr waren die Meßdaten und die wissenschaftlichen Ergebnisse in mehr als 800 Veröffentlichungen niedergelegt worden, die in dem Sekretariat des 2. IPJ — es befand sich im Dänischen Meteorologischen Institut in Kopenhagen — von dem Geomagnetiker D. la Cour bibliographisch verzeichnet und archiviert wurden. La Cour hatte an diesen Arbeiten einen hervorragenden Anteil. Der damaligen Deutschen Seewarte in Hamburg war die Aufgabe übertragen worden, auf Grund der meteorologischen Daten des 2. IPJ synoptische Karten der Nordhemisphäre zu zeichnen und zu veröffentlichen. Beim Ausbruch des 2. Weltkrieges lagen die synoptischen Karten für die Monate August 1932 bis April 1933 vor.

Im Vergleich zu den Datenmengen im 1. und 2. IPJ wuchs die Menge der IGJ/IGC-Daten ins Gigantische. Sie ließen sich nur noch mittels neuer Datenträger, den Mikrofiches und Microcards, erfassen und publizieren, wobei allein der „Catalogue of IGY/IGC Meteorological Data" (WMO-Nr. 135, Genf 1962) schon 600 Seiten umfaßt und die Dokumentationen über die verschiedensten meteorologischen Meßprogramme enthält.

Im Rahmen der umfassenden Auswertearbeiten der IGJ/IGC-Daten wurden von einzelnen Ländern auf meteorologischem Gebiet differenzierte Auswertungen, wie z. B. hemisphärische Wetterkarten und Meridional- und Zonalschnitte gezeichnet und veröffentlicht.

Die DDR, speziell der Meteorologische Dienst der DDR, hatte die mühevolle und arbeitsaufwendige Aufgabe übernommen, an Hand der auf Microcards gespeicherten IGJ-Daten Meridionalschnitte längs eines Meridians herzustellen. Diese „Täglichen aerologischen Meridionalschnitte vom Pol zum Äquator längs 20° West für den Zeitraum des IGJ. Juli 1957—Dezember 1958", wie der genaue Titel lautet, wurden in 18 Monatsheften veröffentlicht, in denen für jeden Tag folgende meteorologische Elemente als Funktion des Druckes und der geographischen Breite dargestellt wurden: Lufttemperatur, Zonalkomponente des Windes, Meridionalkomponente des Windes, Mischungsverhältnis (Gramm Wasserdampf/Kilogramm trockene Luft), potentielle Temperatur und die Höhe der Tropopause. Die wissenschaftliche und technische Bearbeitung dieser Untersuchungen wurden von Horst Kubasch und Mitarbeitern des damaligen Instituts für Großwetterforschung des MD der DDR, der späteren Abteilung Forschung der Zentralen Wetterdienststelle, durchgeführt und erhielt internationale Anerkennung.

Neben diesen und anderen Formen der Auswertungen waren die Ergebnisse des IGJ/IGC die Grundlage für eine Vielzahl wissenschaftlicher Beiträge von Autoren aus der DDR, die als Schwerpunkte Fragen der allgemeinen Zirkulation, des Strahlungshaushaltes und der Ozonverteilung sowie die Wechselwirkung zwischen oberer und unterer Atmosphäre behandelten. So wurde die allgemeine Zirkulation des Südpolargebietes (1963) am Beispiel der Luftdruckverteilung im Meeresniveau, in der 500-, 300- und 100-mbar-Fläche untersucht und die Existenz eines innerkontinentalen Hochs in der 500-mbar-Fläche diskutiert (von M. Buttenberg, P. Nitzschke u. a.).

Wesentliche Resultate des IGJ/IGC bestehen allgemein in der Erfassung der komplexen Wechselwirkung zwischen höheren und niederen Schichten der Atmosphäre. Das wohl herausragendste Ergebnis ist, weltweit gesehen, der Nachweis der plötzlichen Erwärmung der winterlichen Stratosphäre, der in seiner Bedeutung mit dem der Tropopause, die 1902 von R. Assmann und L. Teisserenc de Bort gefunden wurde, gleichgesetzt werden kann. Die plötzlichen Erwärmungen in der Stratosphäre, zunächst unter dem Namen „Berliner Phänomen" bekanntgeworden, konnten in der Antarktis für September 1963 nachgewiesen werden (P. Nitzschke).

Von Bedeutung ist weiterhin der regelmäßige, sich von größeren zu niedrigeren Höhen fortpflanzende Wechsel zwischen den Ost- und Westwinden in der äquatornahen Stratosphäre, dessen Periode etwa 26 Monate beträgt und als quasi-zweijährige Schwankung der Atmosphäre bekannt wurde. Beiträge dazu haben W. Böhme, K. Sprenger, R. Schminder in den Jahren 1959, 1966, 1967 und 1969 veröffentlicht. Das Vorhandensein der quasi-zweijährigen Schwankung konnte fast in der gesamten Erdatmosphäre nachgewiesen und der Zusammenhang zwischen den verschiedenen Teilgebieten der Atmosphäre herausgearbeitet werden. Dabei wurden auch deutliche Hinweise dafür gefunden, daß eine Korrelation zur Variation bestimmter Parameter der Sonnenaktivität besteht.

Die Aufgaben des IQSY (1964/65) lagen besonders in der Wiederholung der Beobachtungen des IGJ/IGC in der Zeit des Sonnenfleckenminimums, auf dem Einsatz neuer direkter und indirekter Meßmethoden und schließlich in der Überführung von Meßdaten neuer Meßgeräte und neuer Meßgeräteträger, wie Raketen, Satelliten und Raumsonden, in die Menge der bisherigen mit bodengebundenen Verfahren gewonnenen Meßwerte. Die Hochaufstiegstechnik mit Radiosonden fand weitere Verbreitung. Im Februar und März 1965 und Januar 1966 wurden von J. Rink am Aerologischen Observatorium Lindenberg unter der Leitung von P. Dubois während plötzlicher Erwärmungen der mittleren Stratosphäre 24 Hochaufstiege bis in die Höhe der 8-mbar-Fläche vorgenommen, bei denen Stäbchenthermistoren als trägheitsarme Temperaturmeßfühler verwendet wurden.

Während des IQSY wurden 1964 ein Seminar mit Teilnehmern der europäisch-asiatischen Region des IQSY über Meßmethoden des bodennahen Ozons in Wahnsdorf und 1966, insbesondere angeregt von K.-H. Grasnick, ein internationales Ozonseminar in Potsdam veranstaltet und die Ergebnisse des Seminars in der Schriftenreihe des Nationalkomitees für Geodäsie und Geophysik (Reihe II) veröffentlicht. Von den im Rahmen der Ozonforschung der DDR entstandenen Arbeiten sind hier als Beispiele zu nennen: Untersuchungen über die stratosphärischen Erwärmungen in Mitteleuropa, über den Ozongehalt und die stratosphärische Zirkulation bei speziellen Wetterlagen, über die Kopplungserscheinung zwischen oberer Stratsosphäre und Mesosphäre während stratosphärischer Erwärmungen sowie über markante kurzperiodische Variationen des Gesamtozonbetrages und ihre Beziehungen zur Zirkulation, zu plötzlichen stratosphärischen Erwärmungen und zur Mesopause.

Im Ergebnis der intensiven Ozonforschungen wurde das Meteorologische Hauptobservatorium Potsdam des Meteorologischen Dienstes der DDR 1974 mit der Funktion eines regionalen Ozonzentrums der Regionalassoziation VI der WMO betraut.

Auch die Strahlungsforschung, die Wärmehaushaltsforschung und Untersuchungen zur atmosphärischen Optik erhielten durch das IGJ/IGC und das IQSY in der DDR einen wesentlichen Aufschwung. Die Arbeiten zur kosmischen Meteorologie nahmen ihren Anfang. Ohne in dieser Darstellung auf alle, ja nicht einmal auf die wesentlichsten Ergebnisse eingehen zu können, sei hier auf folgende Arbeiten hingewiesen:

Die Untersuchungen in den Strahlungsforschungsprogrammen wurden hauptsächlich im Meteorologischen Hauptobservatorium des MD der DDR in Potsdam von H. Wörner und Mitarbeitern durchgeführt. Neben den Messungen des Strahlungshaushaltes an meteorologischen Stationen der DDR erfolgte die Auswertung der IGJ/IGC-Strahlungsdaten und von entsprechenden Daten des IQSY jeweils für den Meridian 10° E im Meteorologischen Hauptobservatoriujm durch H. Wörner, der eine statistische Bearbeitung der Strahlungsmessungen vornahm und diese Daten mit theoretischen Werten verglich. Er konnte u. a. zeigen, daß die Globalstrahlung und die Strahlungsbilanz im IGJ (während des Maximums der Sonnenaktivität) höher lagen als im IQSY. Nach Wörner deuten einige dieser Abweichungen darauf hin, daß großräumige Zirkulationsunterschiede zwischen beiden Beobachtungsperioden die Ursache für diese Strahlungsschwankungen sind.

An den polarmeteorologischen und an ozeanologischen sowie an glaziologisch-hydrometeorologischen Forschungen konnten sich Wissenschaftler und Techniker der DDR dank der Hilfe der Sowjetunion an den verschiedenen Antarktischen Expeditionen — hier sind G. Skeib und andere Mitarbeiter meteorologischer Institutionen zu erwähnen —, an Expeditionen auf Gletschern in der UdSSR und an Forschungsfahrten des Forschungsschiffes „Michail Lomonossow" beteiligen. Die Meteorologen der DDR haben daraus wie ihre Kollegen aus anderen Wissenschaftsgebieten einen großen Nutzen für die Erfüllung der Aufgaben gezogen, die im Rahmen des IGJ/IGC und IQSY gestellt wurden.

Wollte man aus den bisherigen Darlegungen folgern, daß die internationalen Vorhaben, an denen die Meteorologie wesentlich beteiligt war, mit dem IQSY zu Ende gingen, so wäre das sicher falsch, folgten doch die Weltwetterüberwachung (WWW), das Globale Atmosphärische Forschungsprogramm (GARP) und das Weltklimaprogramm (WCP).

3. Neue geophysikalische Vorhaben

Die Ziele und die Ergebnisse des 1. IPJ wurden im wesentlichen durch die Erfordernisse der Meteorologie bestimmt, trotzdem war das 1. IPJ bereits im umfassenderen Sinne ein geophysikalisches Vorhaben, in dem die Meteorologie nur einen Teil umfaßte. Diese Anteile der Meteorologie nahmen in den folgenden internationalen Vorhaben zum IGJ/IGC und IQSY hin relativ ab, obwohl, absolut gesehen, sich die Beteiligung der Meteorologie stark entwickelte.

Mit dem Übergang zum WWW und zum GARP entstand eine neue Qualität, handelt es sich hierbei doch primär um Programme auf dem Gebiet der Meteorologie bzw. Physik der Atmosphäre einschließlich der Wechselwirkung zwischen Atmosphäre und Ozean, der jetzt mehr und mehr Aufmerksamkeit geschenkt wird.

Tabelle 1. Zusammenstellung internationaler Forschungsprogramme auf dem Gebiet der Meteorologie

	1. IPJ	2. IPJ	IGJ/IGC	IQSY	WWW	GARP	WCP
Zeit	~1a 1. 8. 1882 ... 31. 8. 1883	~1a 1. 7. 32 ... 31. 8. 33	$2^1/_2$a 1. 7. 57 ... 31. 12. 58 1. 1. 59 ... 31. 12. 59	2a 1. 1. 64 ... 31. 12. 65	bisher ungegrenzt 1963 ...	Exp. 1982 beendet/Auswertung 1967 ...	bisher unbegrenzt 1979 ...
Hauptinhalt	Einrichtung von Polarstationen mit meteorologischen und geomagnetischen Meßprogrammen, Bergstationen, Termintage	Einrichtung von Polarstationen (insbes. UdSSR) driftende Stationen	Globale Erfassung geophysikalischer Parameter, Allgemeine Zirkulation, Wärmehaushalt, Ozon, Vertikalschnitte, Stratosphärische Erwärmung QBO ⊙ Aktiv — X	⊙ Aktiv — N	Globale Überwachung der meteorologischen Bedingungen • Beobachtungs- • Nachrichten-Bearbeitungssystem (WMC, RMC, NMC) Satelliten-Beobachtungssystem	Globale atmosphärische Prozesse und Teilprozesse, Theoretische und experimentelle Untersuchungen	Untersuchung des Globalen Klimas (Variabilität, Änderungen) Anwendungen
Beobachtungsverfahren und Instrumente	meteorologische Instrumente für Bodenbeobachtung	meteorologische Instrumente, Radiosonden u. a.	Bodenbeobachtung, Aerologische Beobachtung, Radar, Satelliten		+ Fernerkundung →	+ Driftballone, Bojen u. a. →	+ Ozeanische Geräte →
Unterprogramme/ Experimente					GOS GTS GDPS	GATE CAENES POLEX MONEX/WAMEX FGGE(77/79) ALPEX	WCRP WCAP WCIP WCDP
Expeditionen mit DDR-Teilnehmern			Sowjetische Antarktis Expedition 1959 Tienschan N-Atlantik	Spitzbergen	→ Atlantik	→ Atlantik Indik	→ Разрезы (Razrezy)*
Ziel	Erforschung der polaren Atmosphäre	Polare Atmosphäre und Wechselwirkung mit Atmosphäre in niederen Breiten	Allgemeine Zirkulation, solar-terrestrische Beziehungen, Analyse der Hochatmosphäre		Nutzung der neuen technischen/technologischen Möglichkeiten für Wettervorhersage und weitere Anwendung	Besseres Verständnis der atmosphärischen Zirkulation Grenzen der Vorhersagbarkeit; Verbesserung des Beobachtungssystems für numerische Wettervorhersage	Vorhersagbarkeit, anthropogene Beeinflussung: — Anwendung — Berücksichtigung bei sozial-ökonomischer Entwicklung — Sicherung der Datenbasis

* „Schnitte“

Das Programm der Weltwetterüberwachung (WWW) nimmt dabei eine gewisse Ausnahmestellung ein. Es ist kein Forschungsprogramm, sondern ein Programm zur Ausnutzung der in der Vergangenheit und insbesondere während der internationalen Programme des IGJ/IGC und IQSY geschaffenen neuen Verfahren der Datenerfassung und Datenübertragung sowie der Datenbearbeitungstechnologien, besonders für die Verbesserung und Ausdehnung der Wettervorhersage.

Das Globale Atmosphärische Forschungsprogramm (GARP) kann in einem gewissen Sinne als das dem WWW zugeordnete Forschungsprogramm verstanden werden.

Das 1979 begonnene Weltklimaprogramm hat mit seinen Hauptaufgabenstellungen, Vorhersagbarkeit des

Klimas und Klimaeinflüsse auf die Menschen und auf die Umwelt, eine Reihe von Unterprogrammen, in denen diese Ziele verfolgt werden:

- das Weltklimaforschungsprogramm = WCRP mit seinen Schwerpunkten:
  - Wechselbeziehungen zwischen Bewölkung und Strahlung
  - Wechselwirkung Ozean und Atmosphäre
- das Weltklimaanwendungsprogramm = WCAP
- das Weltklima-Einflußstudienprogramm = WCIP und das Weltklimadatenprogramm = WCDP.

In den 100 Jahren haben sich die Hauptinteressen geophysikalischer Forschungsvorhaben auf der Erde von den Polargebieten zu den Tropen hin verschoben. Weitere Ausführungen zu diesen Forschungstrends sind in dem Beitrag auf dem Akademie-Kolloquium enthalten (vgl. W. Böhme und H.-G. Körber 1982).

Die Entwicklungsstadien der betrachteten geophysikalischen Forschungsunternehmen sind in der Tabelle 1 zusammenfassend dargestellt.

Literatur (Auswahl)

Böhme, W.: Zur Eröffnung. In: Kolloquium 100 Jahre Internationale Geophysikalische Forschungsprogramme. Berlin 1982 (Aus der Arbeit von Plenum und Klassen der AdW der DDR **7** (1982) 7, S. 4—8).

Böhme, W. und Körber, H.-G.: Beiträge von DDR-Wissenschaftlern zu den Programmen auf dem Gebiet der Meteorologie. Berlin 1982. In: Kolloquium ... (Aus der Arbeit von Plenum und Klassen der AdW der DDR **7** (1982) 7, S. 40—50).

Böhme, W.: Meteorologische Vorhaben in den Internationalen Jahren der Ruhigen Sonne. Geod. Geophysikal. Veröffentl. R. 1, H. 1 (1965), S. 86—93.

Cannegieter, H. G.: The History of the International Meteorological Organization 1852—1951. Ann. Meteor. N. F. Nr. 1 (1963).

The Histories of the International Polar Years and the Inception and Development of the International Geophysical Year. Ann. IGY **1** (1959).

International Geophysical Year 1957—1958: Meteorological Programme. General Survey. WMO-No. 55. IGY 1, Geneva 1956.

Kautzleben, H.: 100 Jahre Internationale Geophysikalische Forschungsprogramme. In: Kolloquium ... (Aus der Arbeit von Plenum und Klassen der AdW der DDR **7** (1982) 7, S. 9—25).

Lauter, E. A.: Die Aufgaben im IQSY nach den Tagungen in Rom, Los Angeles, Berkeley und Tokio. Geod. Geophys. Veröff. R. 1, H. 1 (1965), S. 39—47.

Lauter, E. A.: Beiträge der DDR-Wissenschaftler zu den Programmen auf dem Gebiet der solar-terrestrischen Physik (einschließlich Geomagnetismus). In: Kolloquium ... (Aus der Arbeit von Plenum und Klassen der AdW der DDR **7** (1982) 7, S. 51—57).

Meteorology. Ed. J. van Miegham. Ann. IGY **32** (1964).

Peschel, H.: Einleitung. Geod. Geophys. Veröff. R. 1, H. 1 (1965), S. 3—9.

Peschel, H.: 25 Jahre Zusammenarbeit der Geophysiker sozialistischer Länder. In: Kolloquium ... (Aus der Arbeit von Plenum und Klassen der AdW der DDR **7** (1982) 7, S. 26—39).

Philipps, H.: Das Internationale Geophysikalische Jahr — ein Weltplan geophysikalischer Forschung. Tgl. Wetterber. der DDR, 1. 7. bis 3. 7. 1957 (Nr. 182—184).

Philipps, H.: Polarjahr — Geophysikalisches Jahr. Tgl. Wetterber. der DDR, 20. 8. bis 22. 8. 1957 (Nr. 232—234).

Skeib, G.: Die Expeditionsvorhaben der DDR 1964 (mit Rückblick auf durchgeführte Expeditionen). Geod. Geophys. Veröff. R. 1, H. 1 (1965), S. 51—57.

Weyprecht, K.: Über Nordpol-Expeditionen. Vortrag, gehalten in der 1. allgemeinen Sitzung des Grazer Naturforschertages. (Wiedergabe durch H. J. Klein). In: Gaea. Natur und Leben **11** (1875), S. 681—689.

Bezüglich der angeführten Fachbeiträge vgl. Jahrgänge 1957 bis 1970 von: Zeitschrift für Meteorologie, Gerlands Beiträge zur Geophysik, Acta Hydrophysica und die Geodätischen und Geophysikalischen Veröffentlichungen des NKGG der DDR, R. 1, H. 1 (1965) bis H. 5 (1972) und R. 2 (Solar-terrestrische Beziehungen und Physik der Atmosphäre), insbes. H. 7 (1968), H. 9 (1969), H. 11 (1969), H. 12 (1969) ff.

Bemerkungen zu den Etappen in der Erforschung der Hochatmosphäre (Zusammenfassung)

von E. A. Lauter

Die Erforschung der Hochatmosphäre erfuhr in dem Internationalen Geophysikalischen Jahr und den folgenden internationalen geophysikalischen Unternehmungen eine wesentliche Erweiterung. Ausgehend von den klassischen geophysikalischen Messungen und Untersuchungen von C. Störmer, O. Heaviside, S. Chapman, J. Bartels u. a. wurde die „geophysikalische Umwelt" analysiert und der Weg zur Herausbildung der solar-terrestrischen Physik geebnet. Im Vergleich zu den vorausgegangenen Internationalen Polarjahren, die geomagnetische Messungen, die Beobachtungen und Bestimmungen von Polarlichtern und des Nachthimmelleuchtens sowie andere geophysikalische Phänomene auf ihren Programmen hatten, erhielten die Observatorien und Stationen des IGJ und der späteren Forschungsprogramme weitere wichtige Aufgaben. Speziell für die Mitarbeit von Wissenschaftlern der DDR im Rahmen ihrer Institutionen, koordiniert durch das Nationalkomitee der DDR für Geodäsie und Geophysik, wurden z. B. eine Ionosondenstation und Satellitenbeobachtungsstationen errichtet, ionosphärische Driftmessungen und ionosphärische Absorptionsmessungen und absolute Messungen im Bereich der solaren Strahlung durchgeführt und die schnellen Variationen der solaren Magnetfelder verfolgt. Von den zahlreichen Ergebnissen seien hier nur die Beobachtungen der Radarpolarlichter in mittleren Breiten, der Nachweis der Abhängigkeit der Windsysteme in der Meteorzone von der Sonnenaktivität, die Beiträge zum Tagesgang der kosmischen Strahlung und das von der DDR organisierte europäische Meßnetz zur Bestimmung der Variationen des atmosphärischen Funkstörpegels (auch bei Expeditionen durchgeführt) als Beispiele für wichtige Leistungen von Wissenschaftlern und Technikern der DDR zu nennen. Die Einsatzbereitschaft und die Begeisterung der Beteiligten — vom Verfasser auf Grund persönlicher Erfahrungen geschildert — trug mit dazu bei, die vielfältigen Aufgaben erfolgreich zu lösen. Sie erbrachten im Endergebnis mehr als 200 wissenschaftliche Beiträge und eine Fülle von geophysikalischem Datenmaterial, das in die entsprechenden Weltdatenzentren eingespeist wurde.

(Eine detailliertere Darstellung der Ergebnisse ist vom Verfasser an anderer Stelle gegeben worden, vgl. E. A. Lauter: Beiträge der DDR-Wissenschaftler zu den Programmen auf dem Gebiet der solar-terrestrischen Physik (einschließlich Geomagnetismus) in: Kolloquium 100 Jahre Internationale Geophysikalische Forschungsprogramme. Aus der Arbeit von Plenum und Klassen der AdW der DDR, 1982, H. 7, S. 51—57).

Das internationale Programm der mittleren Atmosphäre (Zusammenfassung)

von J. TAUBENHEIM

In dem Beitrag wurde die aktuelle und künftige geophysikalische Zusammenarbeit auf dem Gebiet der mittleren Atmosphäre (Stratosphäre und Mesosphäre) dargelegt. Ausgehend von den früheren geophysikalischen Unternehmungen, wie IGY und IQSY, wurde zur Weiterführung dieser Aktivitäten beim Internationalen Council of Scientific Unions (ICSU) ein spezielles Komitee für solar-terrestrische Physik (SCOSTEP) gegründet, das zur freiwilligen Mitarbeit an dem „Programm der mittleren Atmosphäre" (MAP) für 1982 bis 1985 aufrief. An der Organisation und Durchführung dieses Programmes sind Wissenschaftler aus der DDR maßgeblich mit beteiligt.

Die Gründe für die Aufstellung eines solchen Programmes waren vor allem die Fragen nach dem genaueren Verständnis der Wechselwirkungen zwischen solaren Einflüssen und atmosphärischen Prozessen und nach dem chemischen Verhalten der höheren Atmosphäre, insbesondere in Hinblick auf anthropogene Einwirkungen, sowie die sich aus der Praxis der Luft- und Raumfahrt ergebenden Fragestellungen.

Bei den aktuellen Problemen, die durch das MAP einer Lösung zugeführt werden sollen, sind es besonders die Klimatologie der mittleren Atmosphäre, wie die Temperatur- und Windfelder, außerdem der Zustand und die Dynamik der winterlichen mittleren Atmosphäre, charakterisiert durch explosives Anwachsen von Wellenamplituden bei stratosphärischen Erwärmungen, und die meteorologische Steuerung der D-Ionisation. Dazu gehören die allgemeine Winteranomalie, die winterliche Variabilität und „Zusammenbrüche" der Winteranomalie verbunden mit Änderungen der Windsysteme, wie im einzelnen im Vortrag und an Hand von graphischen Darstellungen ausgeführt wurde.

Weitere wichtige Fragenkomplexe des Programmes der mittleren Atmosphäre bilden die Chemie der Spurenstoffe, z. B. die vermuteten Änderungen des Ozongehaltes, und die bisher noch nicht eindeutig geklärten Wirkungsmechanismen der Sonnenaktivität auf Wetter und Klima.

Zu den speziellen Beiträgen der DDR gehören die Radarmeteorwindmessungen und die ionosphärischen Messungen am Observatorium Kühlungsborn des Zentralinstituts für solar-terrestrische Physik (Heinrich-Hertz-Institut) der Akademie der Wissenschaften der DDR und die ionosphärischen Driftmessungen am Observatorium Collm der Karl-Marx-Universität Leipzig sowie theoretische Arbeiten über Aeronomie und zur Dynamik der mittleren Atmosphäre.

Dynamische Meteorologie — Operative Wettervorhersage

Dynamische Meteorologie — Numerische Wettervorhersage

von J. KLUGE

1. Einleitung

Jedermann kann sich durch Anschauung davon überzeugen, daß sich der Stoffwechsel der menschlichen Gesellschaft mit der Natur, darunter nicht zuletzt der Atmosphäre, intensiv und extensiv erweitert. In der Summe wächst die Abhängigkeit der menschlichen Tätigkeit vom Wetter und ebenso die Abhängigkeit des Wetters von der menschlichen Tätigkeit.

In diesem Prozeß vergehen und entstehen Bedürfnisse nach meteorologischen Informationen, summa summarum erweitert sich das Feld der Bedürfnisse. In den letzten Jahren prägen sich immer deutlicher die folgenden Bedürfnisse aus, die offenbar gesellschaftlich anerkannt werden müssen:

- räumlich und zeitlich stärkere Detaillierung meteorologischer Informationen, insbesondere hinsichtlich der Vorhersage gefährlicher Erscheinungen,
- Ausdehnung des verwertbaren Prognosezeitraums auf den Mittel- und Langfristbereich,
- menschengemäße Gestaltung der Erde hinsichtlich ihrer Luft-Wasser- und Bodenqualität und ihres Klimas (dieses Problem wird im weiteren nicht betrachtet).

Welche Probleme der dynamischen Meteorologie müssen gelöst werden, wenn diese Bedürfnisse befriedigt werden sollen? Auf welchen Wegen wurde eine exaktere Wettervorhersage erreicht, und wie ist ein weiterer Fortschritt denkbar? Auf diese Fragen sollen in diesem Vortrag Antworten für einen breiten Zuhörerkreis unter Vermeidung von Formeln gegeben werden.

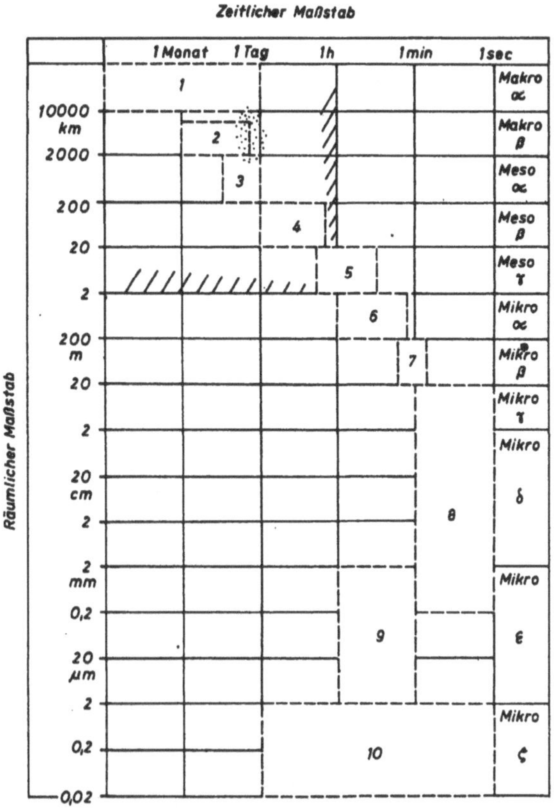

Abb. 1. Maßstabshierarchie meteorologischer Prozesse unter Verwendung von HOBBS, (1981); Prozeßbeispiele: *1* — lange Wellen, *2* — barokline Wellen, *3* — Fronten, Teiltiefs, Hurricans, *4* — Wolkencluster, Regenbänder, niedertroposphärische Strahlströme, *5* — Gewitter, CAT, Stadteffekte, *6* — Cu-Konvektion, Tornados, *7* — Kleintromben, *8* — isotrope Turbulenz, *9* — Wolkenpartikel, *10* — Aerosol, Kondensationskerne

2. Vorhersagbarkeit und Maßstab meteorologischer Prozesse

Zu der Frage, wie exakt ist die gegenwärtige Wettervorhersage, äußert sich K. BALZER in seinem Beitrag (in diesem Heft).

Wenden wir uns zunächst der Frage zu: Auf welche Probleme der dynamischen Meteorologie lassen wir uns ein, wenn wir die angeführten Bedürfnisse anerkennen?

Das letzte Jahrzehnt hat unsere Erkenntnisse über die Eigenart der Atmosphäre wesentlich dahingehend vertieft, daß die in der Atmosphäre ablaufenden Prozesse sehr unterschiedlichen Maßstabs (scale) sind und in komplizierter Weise miteinander in Wechselwirkung stehen. Abb. 1 vermittelt eine Übersicht über die Maßstabsvielfalt und deren innere Ordnung (zur physikalischen Begründung s. TU-CHENG YEH und M. 1982). Zur Entwicklung beispielsweise eines außertropischen Tiefdruckgebietes haben letztlich alle der angegebenen Maßstäbe eine Beziehung. Sie umspannen einen Größenordnungsbereich von 10^{15}. Das Verhältnis von Milchstraßenabmessung zum Erddurchmesser beträgt ebenfalls 10^{15}! Die Atmosphäre ist ein System mit sehr vielen Freiheitsgraden. In ihr ist ein kompliziertes System hierarchischer Strukturen anzutreffen. Das Problem der hierarchischen Strukturen wird noch einmal im Beitrag von W. BÖHME angesprochen.

Die in den 70er Jahren mit Erfolg durch die operative numerische Wettervorhersage im Sinne dynamischer, individueller Modellierung erfaßten Maßstabsbereiche sind in Abb. 1 punktiert dargestellt. Will man die eingangs zitierten neuen Bedürfnisse befriedigen, dann bedeutet das, den weiten Mesobereich und die makrometeorologischen Prozesse globalen Maßstabes (Makro α) in die Vorhersage einbeziehen zu müssen. Das ergibt in Abb. 1 den durch Schraffur begrenzten Bereich. Damit erweitert sich die Prognoseaufgabe um fundamentale Probleme. Die Größe des eingezeichneten Feldes symbolisiert das auch optisch gut. International hat sich bedeutende Forschungskapazität entsprechend der neu anzugehenden Maßstabsbereiche umgruppiert. Die Hauptforschungsrichtungen allgemeine Zirkulation/Klimatheorie/Mittel- und Langfristvorhersage einerseits und Mesometeorologie/Kurzfrist- und Kürzestfristvorhersage andererseits sind als langfristige gezielte Grundlagenforschung angelegt, wobei die erste Richtung bereits stark durch internationale Programme getragen wird (GARP, WCP).

Auf welchem Wege ist eine Lösung der bezeichneten Probleme der dynamischen Meteorologie zu erwarten? Vorausschicken kann man, daß es ein langer Weg sein wird.

Die Leitlinie für das bisherige Vorgehen war die von V. BJERKNES schon 1904 niedergelegte Konzeption, die er 1919 in die Worte kleidete: „Man weiß, daß alle atmosphärischen Prozesse nach den Gesetzen der Physik ... verlaufen. Diese enthalten die Antwort auf jede Frage über das künftige Wetter, sofern uns nur die Beobachtungen die konkreten Daten geben ... Die Aufgabe reduziert sich deshalb auf zwei speziellere:

1. Die praktische — die Beschaffung der nötigen konkreten Daten durch die Beobachtungen,
2. Die theoretische — die Ausarbeitung der Methoden, um das in den Gleichungen enthaltene Wissen auf die Beobachtungen anwendbar zu machen."

Die generelle Forschungsstrategie bleibt es, die BJERKNESsche Konzeption auch für die neuen Maßstabsbereiche zu verwirklichen, d. h. das jeweils maßstabstypische Datenproblem und Modellierungsproblem zu lösen. Hinzuzufügen wäre, das ist auch ein Technikproblem. Denn nach BERGERON (1959) folgt aus der Geschichte der Meteorologie die Regel, daß die Voraussetzung fundamentaler Fortschritte die Wahrung des Gleichschritts im Fortschreiten von Beobachtung, Theorie und Technik ist.

Die Ausdehnung der BJERKNESschen Konzeption auf die Maßstabsbereiche Makro α und Meso ist nicht formaler Natur. Jeder Maßstabsbereich besitzt Eigenheiten, die es aufzufinden und in den Modellen abzubilden gilt. So verändern sich mit dem Maßstab die Größenordnungsrelationen der Terme in den Ausgangsgleichungen und damit die zulässigen Annahmen. Die Rolle der Anfangsbedingungen und der externen Antriebe ist neu zu bestimmen. Ein fundamentales Problem stellt die Simulation der Wechselwirkung zwischen Prozessen verschiedenen Maßstabs dar. Von einer verbesserten Modellierung der Wechselwirkung werden entscheidende Fortschritte für die Wettervorhersage erwartet (PETROSJANZ, 1979, HOBBS, 1981).

Die BJERKNESsche Konzeption zielt darauf ab, die Unsicherheit der Wettervorhersage, die auf greifbarer Unkenntnis beruht, abzubauen, ja, sie erweckt den Eindruck, als sei ihre letzte Konsequenz die völlige Sicherheit der Wettervorhersage — eine Atmosphäre ohne Zufall, der LAPLACEsche Dämon. Dem hielt schon SCHMAUSS (1942) entgegen, „daß die Wettervorhersage auch eine objektive Unsicherheit enthält, die nicht in einer greifbaren Unkenntnis des Prognosestellers begründet ist." Dieser Widerspruch zwingt uns, über die Natur der Gesetze der Atmosphäre tiefer nachzudenken. Hierzu sind in den letzten Jahren bedeutende Untersuchungen ausgeführt worden. Dazu gehören auch die Arbeiten zum Problem der Vorhersagbarkeit (MONIN, 1969).

Es sei angedeutet, daß dieses Problem engen Bezug zu den philosophischen Konzeptionen des dialektischen und mechanischen Determinismus hat.

Obwohl eine geschlossene Theorie der Vorhersagbarkeit, aus der ihre objektive Grenzen deduziert werden könnten, noch nicht vorliegt, ist doch gesichert, daß die objektive Vorhersagbarkeit mesometeorologischer Prozesse deutlich unter der makrometeorologischer Prozesse liegt. Die Vorhersagbarkeit ist eine Funktion des Maßstabs des vorherzusagenden Prozesses (LORENZ, 1969). Für die Atmosphäre gilt eine Art Unschärferelation: Detaillierung der Vorhersage und Verkürzung des objektiv möglichen Vorhersagezeitraums gehören ebenso unvermeidlich zusammen, wie die Ausdehnung des Prognosezeitraums und die Verringerunge der dann objektiv möglichen Aussageschärfe. Diese Beziehung ist Ausdruck der objektiven Dialektik von Gesetz und Zufall in der Atmosphäre. Die Unschärferelation mag zwar insbesondere beim Nutzer meteorologischer Informationen Wunschträume zerstören, gibt aber keinem Erkenntnispessimismus Raum. Im Sinne der ENGELschen Bemerkung, daß Naturgesetze auch Trost gewähren, ist damit vielmehr das Feld der realen Hoffnungen bezeichnet. Bei unserem gegenwärtigen Kenntnisstand ist dieses Feld noch längst nicht bis an seine Grenzen bestellt.

Wir bringen noch eine Anmerkung zur Scalewechselwirkung unter dem Gesichtspunkt der Vorhersagbarkeit.

Eine außertropische Zyklone ist die Resultante der Wechselwirkung von Makro-, Meso- und Mikroprozessen. Unser gegenwärtiges Vorgehen bei der Vorhersage der Zyklonenentwicklung im Makrobereich ist dadurch gekennzeichnet, daß die Makroprozesse individuell im Sinne eines Anfangsrandwertproblems der mathematischen Physik behandelt werden, während die Meso- und Mikroprozesse nicht direkt, sondern nur ihre summarischen Wirkungen simuliert werden. Offenbar kann man auf diese Weise einen beachtlichen Teil der Wirklichkeit beschreiben. Wenn man jedoch eine kurzzeitige, aber richtunggebende Einwirkung aus dem Meso-Mikrobereich auf den Makrobereich zuläßt, nach RAMAGE (1976) existieren solche Vorgänge, er nennt sie „turbulence burst's", dann wird unter diesen Umständen die Vorhersagbarkeit im Makrobereich für eine bestimmte Entwicklungsphase deutlich herabgesetzt. Vielleicht ist das die Situation, von der der Synoptiker manchmal sagt, die Atmosphäre wisse selbst noch nicht, was sie wolle.

Die Konsequenz all dieser Überlegungen und Ergebnisse ist die Annahme, daß die in der Atmosphäre gültigen Gesetze eher Möglichkeitsfelder bestimmen als eindeutig existierende, von den Anfangsfeldern und Randbedingungen stetig abhängende Lösungen. Damit ergibt sich aber als grundlegendes methodisches Problem für die dynamische Meteorologie, mehr und mehr zu einer dynamisch-stochastischen Meteorologie zu werden, d. h. die Einheit dynamischen und statistischen Herangehens auf immer höherer Ebene zu verwirklichen.

Auf diesem Gebiet ist in den letzten Jahren bedeutendes geleistet worden. Es seien neben Untersuchungen zur Vorhersagbarkeit genannt:

— die Herleitung dynamisch-stochastischer Gleichungen zur Beschreibung des Verhaltens der Atmosphäre,
— die Untersuchung der Bifurkation,
— Fortschritte auf dem Gebiet der Turbulenztheorie (siehe dazu den Beitrag von K. Bernhardt in diesem Heft),
— die vielfältigen Untersuchungen zur Parametrisierung.

Hierzu zählen auch die Erfolge auf dem Gebiet der statistischen Interpretation dynamisch vorhergesagter Felder und der Kombination von Mensch (Statistik in Form synoptischer Erfahrung) und Maschine (Modell).

Mir scheint, das letzte Jahrzehnt hat uns tiefer in das Wesen der Gesetze der Atmosphäre eindringen lassen.

3. Globales Beobachtungssystem

Die Ausdehnung des Prognosezeitraumes auf ein bis zwei Wochen macht eine Erfassung der makrometeorologischen Prozesse und des Zustands der Unterlage über dem gesamten Globus notwendig. Das ist mit dem traditionellen Prinzip der ortsfesten, synchronen in situ-Messung nicht zu leisten. Voraussetzung für die Lösung dieser Aufgabe sind neue Wirkprinzipien. Sie wurden gefunden in:

— der Nutzung von Satelliten als Geräteplattform und Mittel der Informationsübertragung,
— der Erschließung der atmosphärischen Strahlung als Informationsträger (Fernsondierung),
— der mikrorechnergestützten Automatisierung der Datengewinnung und -übertragung.

Das Erste Globale Wetterexperiment FGGE hat die auf diesen Wirkprinzipien beruhenden Komponenten eines globalen meteorologischen Beobachtungssystems erprobt. Von ihnen verdienen als zukunftsträchtig die folgenden besondere Beachtung:

a) Geostationäre Satelliten mit der Fähigkeit:
   — Wolkenbilder und Temperatur- und Wasserdampfprofile mit hoher zeitlicher Auflösung (15′—30′) zu bestimmen,
   — Windvektoren zu schätzen,
   — die Tropen zu überwachen.
b) Polnah umlaufende Satelliten der dritten Generation mit der Eigenschaft, Wolkenbilder und Temperatur- und Wasserdampfprofile sowie Angaben zur Unterlage mit hoher horizontaler Auflösung und durch Einbeziehung des Mikrowellenbereichs mit höherer Genauigkeit zu liefern.
c) Umfassende Nutzung von Passagierflugzeugen zur Bestimmung von Geschwindigkeit und Temperatur in allen Phasen des Fluges.
d) Einsatz automatischer driftender Bojen zur Bestimmung des Bodendrucks und der Wassertemperatur.
e) Nutzung von Satelliten zur Informationsübertragung, insbesondere für Flugzeuge und Bojen.

Zur mesometeorologischen Komponente dieser Systeme erfolgen Ausführungen im Abschnitt 5.

Der hervorstechendste Trend in der Entwicklung globaler Beobachtungssysteme ist ein enorm wachsender Datenumfang bei zunehmender Heterogenisierung des Datenangebots. Die Heterogenisierung ergibt sich:

— aus dem unterschiedlichen Fehlerverhalten der eingesetzten Systeme (der Fehler der indirekten thermischen Sondierung hängt beispielsweise von der meteorologischen Situation ab),
— aus dem asynoptischen Charakter vieler Messungen,
— aus der räumlich stark variierenden Auflösung der Systeme (einige von ihnen liefern nur Angaben auf ein bis zwei Niveaus).

Auf diese Weise entsteht näherungsweise ein vierdimensionaler Strom von Daten unterschiedlichen Informationswerts. Diese Entwicklung im Bereich der Beobachtungssysteme veränderte die Lage auf dem Gebiet der numerischen Analyse entscheidend. Es wurde Ende der 70er Jahre notwendig, von einer zwei- zu einer vierdimensionalen Analyse überzugehen. Dabei werden mehrere Handlungsebenen verknüpft. Die Hauptidee besteht darin, die Resultate einer Prognose in relativ kurzen Zeitabständen durch neu eingegangene Meldungen lokal zu korrigieren. Dabei entstehen folgende methodische Probleme:

— die eingehenden Meldungen sind einer komplexen Kontrolle zu unterwerfen,
— die Kombination von Meldungen und Prognoseinformation muß als optimale Schätzung, d. h. im Sinne einer vollen Verwertung des unterschiedlichen Informationsgehalts der beteiligten Daten ausgeführt werden,
— bei der Fortsetzung der Prognose mit den aktualisierten Feldern muß garantiert werden, daß das Prognosemodell die eingebrachte Information auch voll aufnimmt und dennoch rasch in einen lärmarmen Zustand übergeht.

In einer Reihe von Ländern sind nunmehr Verfahren der vierdimensionalen Analyse im Einsatz (darunter in der DDR, s. Kluge u. a., 1980). Hierzu wurde die Methode der optimalen Interpolation (Gandin und Kagan 1974) erweitert. Zur Lärmdämpfung wird in steigendem Maße die Normalmodeninitialisierung eingesetzt. Zu dieser über den genannten Anwendungsfall hinaus bedeutsamen Technik wird im Beitrag von H.-J. Herzog berichtet.

Die methodischen Probleme der vierdimensionalen Analyse haben u. a. Mathematiker zu weitergehenden Untersuchungen inspiriert, wie der Behandlung der vom klassischen Anfangswertproblem abweichenden Aufgabe, eine Lösung durch einen Datensatz zu bestimmen, der aus

Teilmengen besteht, die sich auf verschiedene Zeitpunkte beziehen (Bube und Ghil, 1981). Weitere Untersuchungen betreffen die Formulierung der Aufgaben der optimalen Schätzung als dynamisch-stochastisches Problem (Sonečkin, 1976, Ghil u. a., 1981) und die Verknüpfung von Schätzung und Initialisierung (Ghil u. a. 1981, Phillips, 1981).

Zur Auswertung des FGGE haben bisher fünf internationale Symposien stattgefunden (Melbourne 1979, Budapest 1980, Bergen 1980, Tallahassee 1981 und Denpassar 1981). Die Auswertung dauert weiter an. Als die bisher wesentlichsten Ergebnisse kann man die folgenden anführen:

a) Das FGGE war organisatorisch, technisch und politisch ein voller Erfolg. Die Meteorologie hat ein weiteres Mal ein leuchtendes Beispiel zwischenstaatlicher Kooperation im Geiste friedlicher Koexistenz geliefert.

b) Das Erzeugen von Datensätzen verschiedener Stufen nach den FGGE-Beobachtungsdaten wird in diesem Jahr abgeschlossen. Damit steht der Forschung ein bisher einmaliges Datenmaterial zur Verfügung. Somit ist eine der wesentlichen Aufgaben des FGGE erfüllt.

c) Die eingesetzten neuen Beobachtungssysteme wurden in ihrer Wirkung auf die numerische Analyse und Prognose bewertet. Ihr Informationswert bzgl. des konventionellen WWW-Systems konnte weitgehend aufgeklärt werden. Danach ergibt sich als Prinzip der Systemgestaltung nicht die bloße Ersetzung, sondern die optimale Kombination traditioneller und neuartiger Komponenten. Als kostengünstig bei guter Datenqualität stellten sich driftende Bogen und Flugzeugmessungen heraus. Unter Mitwirkung der WMO werden diese Systeme gegenwärtig in den operativen Dienst überführt (ARGOS, AMDAR).

   Damit wurde wesentliche Vorarbeit für eine Grundaufgabe der gegenwärtigen Meteorologie gelegt, nämlich ein optimal strukturiertes, integriertes, globales Beobachtungssystem im Rahmen der WMO zu schaffen.

d) Die schon referierten Arbeiten zur vierdimensionalen Analyse muß man als wesentlich durch GARP und sein FGGE initiiert und getragen kennzeichnen.

e) Die Entwicklung von hydrodynamischen Mittelfristvorhersagemodellen wurde durch GARP entschieden beschleunigt und eine Analyse ihrer Schwachstellen und Potenzen durch FGGE-Datensätze gefördert.

f) Es konnten einige der berühmten Rätsel der Tropen einer Auflösung näher gebracht werden. Wir wissen nun, daß die räumlich-zeitliche Variabilität im Makrobereich in den Tropen und der Austausch zwischen den beiden Hemisphären größer als erwartet ist. Es gibt Hinweise, daß die Tropen die mittleren und höheren Breiten rascher und wesentlicher als früher angenommen beeinflussen können. Hieraus ergibt sich als praktische Schlußfolgerung, daß Routinebeobachtungen im Makrobereich für die Tropen für die Wettervorhersage von mehr als vier bis fünf Tagen notwendig sind.

g) Auf der Basis von MONEX-Daten entstand ein bisher einmaliger Datensatz über das Monsunphänomen. Zu den drei Hauptfragen der Monsunprognose-Gesamtmenge des Niederschlags, Datum des Beginns und Variation der Niederschlagsmenge in der Monsunzeit — konnten daraus neue Einsichten gewonnen werden, u. a. die, daß eine MONEX nahe kommende Datengewinnung fortgesetzt werden muß.

4. Simulation globaler atmosphärischer Prozesse

In den Jahren 1979 bis 1981 vollzog sich in der Meteorologie ein bedeutendes Ereignis. Eine Reihe von Großzentren begann, für die gemäßigten Breiten mit Erfolg die Entwicklung des Massen- bzw. Temperatur- und Windfeldes bis zu einer Woche im voraus mittels hydrodynamischer Modelle zu prognostizieren. Das ist ein gelungener Vorstoß in den unteren Makro-α-Maßstabsbereich.

Wir demonstrieren das erreichte Leistungsniveau am Beispiel des ECMWF-Modells, dem Vorreiter dieser Entwicklung, nach Angaben von Bengtsson (1980).

Als Maß für die Vorhersagbarkeit wurde der Korrelationskoeffizient der Abweichungen der Prognose und Referenzanalyse vom Klimawert genutzt. Eine Wellenzahlgruppe heißt durch das Modell vorhersagbar, wenn der Korrelationskoeffizient nicht kleiner als 0,5 ist. Danach liegt die empirisch bestimmte Vorhersagbarkeit der Geopotentialverteilung durch das Modell für die Wellenzahlbereiche 1—3 (auf 50° Breite etwa einen horizontalen Maßstab von $L \approx 12800$—4300 km entsprechend) bei 7,5 Tagen, für 4—9 ($L \approx 3200$—1400 km) bei 5,5 Tagen und für 10—20 ($L \approx 1300$—600 km) bei 3 Tagen (Stichprobe: Nov. 1979—April 1980, Troposphäre, 20° bis 82,2° N). Das bedeutet einen deutlichen Abfall der Vorhersagbarkeit mit der Abnahme des Maßstabs der vorherzusagenden Prozesse.

Sehr interessant ist das Faktum, daß die Vorhersagbarkeit auch mit der Ausgangssituation variiert. Die Ursachen hierfür sind noch unbekannt. Sie aufzuklären ist nach Bengtsson (1980) eine der wichtigsten Aufgaben der Forschung.

Falls die Ursachen nicht nur in Modellfehlern bestehen, entsteht die Aufgabe, für eine konkrete Ausgangssituation auch die Vorhersagbarkeit zu prognostizieren.

Die ausgewiesene Vorhersagbarkeit (für das Jahr 1981 konnte sie weiter verbessert werden) ist ein großartiger Fortschritt. Wodurch wurde er möglich? Die theoretischen Voraussetzungen wurden in den 60er und 70er Jahren mit den sogenannten Zirkulationsmodellen geschaffen. Für die Überführung dieser Ergebnisse waren zwei extensive Entwicklungen entscheidend:

— die zunehmend globale Erfassung des Anfangszustands im Makrobereich durch satelliten- und fluggeuggestützte Beobachtungen,
— die Verfügbarkeit von Großrechnern sehr hoher Leistung (100 Mio Op.-Bereich).

Diese Rechner erlaubten es, die horizontale und vertikale Auflösung so zu verdichten, daß die barotrope und barokline Instabilität sowie die Grenzschichtflüsse mit hinreichender Genauigkeit modelliert werden können. Es war auch möglich, alle für den Mittelfristbereich wesentlichen Rückkopplungsmechanismus zu erfassen, so den vollen Feuchtezyklus und die Wechselwirkung von Bewölkung und Strahlung.

Eine kontinuierliche Verifikation förderte die systematischen Fehler des Modells zutage. Unter ihnen haben die Defekte, welche bei der Modellierung des quasistationären Lösungsanteils auftreten, besondere Bedeutung. Gegenwärtig gelingt es in Mittelfristvorhersagemodellen noch nicht befriedigend, die außeratmosphärischen Antriebe in Form von Orographie und des thermischen Einflusses von Kontinenten und Ozeanen zu simulieren.

Wir betrachten nun das Modellproblem der Langfristvorhersage. Der Sommer 1982 ist allen als Anomalie im Gedächtnis. Die vornehmliche Aufgabe der Langfristvorhersage wäre es, solche jahreszeitlichen Anomalien vorherzusagen.

Marčuk (1976) hat die Langfristvorhersage als „Jahrhundertproblem" bezeichnet. Er hatte dabei die Schwierigkeit des Gegenstandes, den Forschungsaufwand, die Bearbeitungsdauer und auch die ökonomische Wirkung einer positiven Lösung im Auge.

Nach den gegenwärtigen Erkenntnissen kann mit dem für die Mittelfristvorhersage verwendeten Ansatz nur ein verwertbarer Prognosezeitraum von einigen Wochen erreicht werden. Mittelfristmodelle zeichnen sich dadurch aus, daß das Prognoseproblem im Sinne einer korrekten Problemstellung der mathematischen Physik behandelt wird; die Lösung wird neben den außeratmosphärischen Antrieben sehr wesentlich von den Anfangsbedingungen bestimmt. Bei langfristigen Vorhersagezeiträumen dominieren jedoch die externen Antriebe.

Die Langfristvorhersage erfordert also eine andere Art des Herangehens. Die in einigen Ländern genutzten statistischen und synoptischen Verfahren sind in ihrer Leistungsfähigkeit keine Lösung des Problems, sondern unterstreichen eher die Notwendigkeit, das in den Gleichungen enthaltene Wissen auf die Beobachtungen anwendbar zu machen! Doch „wo faß ich dich, unendliche Natur ... glücklich, wer noch hoffen kann, aus diesem Meer des Irrtums aufzutauchen, was man nicht weiß, das eben brauchte man und was man weiß, kann man nicht brauchen", (Faust, Vers 455 bzw. 1064—1067) möchte man ausrufen.

Miyakoda/Chao Jin-Ping (1982) resümieren in ihrem Übersichtsartikel über Langfristvorhersage: „The light at the end of the tunnel remains dim. But a number of hopeful clues have been collected."

Wesentliche Planungen, Projekte und Ergebnisse einer neuen Art des Herangehens sind seit den 70er Jahren mit dem Namen Marčuk (1976) verbunden (u. a. das sowjetische Projekt RAZREZY). Marčuk hält es für bewiesen, daß der entscheidende Mechanismus für die Ausbildung von Jahreszeitanomalien in der Wirkung der globalen Bewölkungsverteilung beruht. Es wird folgende Kausalkette aufgebaut:

a) Die Bewölkungsverteilung, insbesondere über den Tropen und Subtropen, regelt die in der Ozeandeckschicht (~10 m Dicke) aufgenommene Wärmeenergie.
b) Bei langandauernder unternormaler Bewölkungsmenge wird die von der Deckschicht aufgenommene Wärme durch Austauschvorgänge in einer etwa 1 km mächtigen baroklinen Schicht der Ozeane gespeichert.
c) Durch Meeresströmungen erfolgt ein meridionaler Transport in Breiten, wo die gespeicherte Wärme durch mächtige konvektive Bewegungen aus der baroklinen Schicht an die Oberflächenschicht und schließlich an die Atmosphäre abgegeben wird.
d) Die abgegebene Energie beeinflußt die Zyklonentätigkeit.
e) Die Zyklonen übertragen bei ihrer Verlagerung Wärme und Feuchte auf das Festland.

Ergänzende Bemerkungen zu einigen Gliedern dieser Kette werden Sie im Beitrag von P. Hupfer finden (im folgenden Heft).

Abschätzungen zeigen, daß eine tropische Ozeantemperaturanomalie etwa nach drei Monaten Auswirkungen auf die Witterung über den Kontinenten der gemäßigten Breiten hat.

Es wird jahrzehntelanger Forschungen bedürfen, die vorgestellte Kausalkette zu modellieren und zu praktizieren. Da in dieser Kette mehrfach nur statistisch zu behandelnde Energieaustauschvorgänge auftreten, sind als Aussage nur statistische Charakteristiken von Möglichkeitsfeldern zu erwarten.

5. Beobachtung und Vorhersage mesometeorologischer Prozesse

Das wesentlichste Resultat der dynamischen Meteorologie der 50er und ersten Hälfte der 60er Jahre ist die operative numerische Kurzfristvorhersage im Maßstab Makro β. In gleichem Sinne ist das Hauptresultat der 70er Jahre das operativ nutzbare hydrodynamische Mittelfristvorhersagemodell. Nach Ansicht führender Spezialisten könnte das grundlegende Ergebnis der 80er Jahre ein operativ einsetzbares mesometeorologisches Vorhersagesystem der Kürzestfristvorhersage (0—12 Std.) sein.

Die Mesometeorologie wurde in ihrer Entwicklung lange Zeit durch das Fehlen geeigneter Beobachtungsmittel, insbesondere solcher, die hydrothermodynamische Zustandsgrößen bestimmen können, gehemmt. Zu Beginn der 80er Jahre ist zumindest das Prinzipielle einer Wende erkennbar (verdeutlicht insbesondere auf dem IAMAP-Symposium über Nowcasting 1981 (s. Nowcasting, 1981) und der VI. Allunionskonferenz über Radiometeorologie der UdSSR 1982 (s. Allunionskonferenz, 1982)). Ähnlich wie beim Übergang zur globalen Erfassung des Makrozustands erfordert die für mesometeorologische Prozesse notwendige höhere Auflösung (in der horizontalen bis zum km-Bereich, in der Vertikalen bis zum 100-m-Bereich und bzgl. der Zeit bis zum Halbstundenintervall) auf neuen Wirkprinzipien beruhende Mittel. Es sind dies:

— bodengebundene Mittel der aktiven Fernsondierung (wie Radar im cm- und VHF-Bereich, Doppler-

Radar, Sodar, Doppler-Sodar, Lidar und radioakustische Mittel),
- satellitengebundene Mittel der passiven Fernsondierung (Radiometer hoher Auflösung und geostationäre Satelliten),
- automatisierte Stationsnetze hoher Dichte.

Als eine Wende in der Beobachtungstechnik muß man die Fähigkeit bestimmter Mittel der aktiven bodengebundenen Fernsondierung einschätzen, auch hydrodynamische Zustandsgrößen bestimmen zu können. So erlauben beispielsweise Doppler-Radarnetze, den dreidimensionalen Geschwindigkeitsvektor flächendeckend mit hoher Auflösung zu bestimmen. Mit Lidar kann schon gegenwärtig das Feuchteprofil detaillierter, genauer und operativer als mit der Radiosonde bestimmt werden. Noch sind aber die meisten dieser Systeme nicht in Serienproduktion.

Satellitengebundene Systeme bieten den prinzipiellen Vorteil eines großen Datenerfassungsraumes.

Die Entdeckung mesometeorologischer Strukturen im Bewölkungsfeld erfolgte bereits in den 60er Jahren. Mit geostationären Satelliten war es möglich, in den zeitlichen Mesomaßstabsbereich vorzudringen. Die Verengung des Gesichtsfeldes der Radiometer ermöglichte eine größere, dem Mesobereich angemessene horizontale Auflösung. Die von der Sondierung erfaßte Zahl der Spektralbereiche wurde im Sichtbaren und Infraroten vergrößert und auf den Mikrowellenbereich ausgedehnt.

Damit erweiterte sich alles in allem der Prediktorvorrat zur Erfassung mesometeorologischer Prozesse. Es ist eine vordringliche Aufgabe der Meteorologie, diesen potentiellen Informationsvorrat durch fortschreitende Objektivierung der Auswertemethoden noch umfassender zu erschließen. Die aus Strahlungsdaten in den Absorptionsbanden bestimmten vertikalen Profile von Temperatur und Wasserdampf besitzen bekanntlich eine schlechte vertikale Auflösung. Es war deshalb eine große Überraschung, als SMITH u. a. (1981) in der Horizontalen dennoch unter bestimmten Bedingungen Mesostrukturen im Temperatur- und Feuchtefeld bestimmen konnten.

Als einen entscheidenden Schritt zum Aufbau quantitativer Prediktor-Prediktandenbeziehungen im Mesobereich muß man die durchgehende digitale Signalbearbeitung kennzeichnen. Nur dadurch kann der Schritt von der Erfahrung zur statistischen Bearbeitung vollzogen werden. Die digitale Informationsverarbeitung macht die Bildauswertung durch den Meteorologen nicht überflüssig, sondern hebt sie durch digitale Bildbearbeitung auf ein höheres Niveau, macht bestimmte mesometeorologische Strukturen überhaupt erst einer optischen Bewertung zugänglich. Als Beispiel sei die detaillierte horizontale Verteilung der äquivalenten Schwarzstrahlungstemperaturen mächtiger konvektiver Bewölkung genannt — ein für die Wolkenbruchvorhersage wesentlicher Prediktor.

Wir halten als wesentliche Errungenschaft fest, daß zumindest die Prinziplösungen für die Bestimmung des mesometeorologischen IST-Zustandes erarbeitet sind.

Wie kann man im Mesobereich vom IST zur Prognose gelangen? Es ist bemerkenswert, daß in der gegenwärtigen Entwicklungsetappe eine Nutzung der Ausgangsdaten sowohl durch Verfahren der Extrapolation als auch durch hydrodynamische Modelle forciert entwickelt wird. Auf den ersten Blick erscheint die Extrapolation simpel zu sein. Für mesometeorologische Prozesse ergibt sich jedoch der folgende Zwang:

Der mesometeorologische IST-Zustand muß quasikontinuierlich verfolgt, in Form einer enormen Datenmenge in ein Auswertezentrum übertragen, die Daten dort extrem zeitkritisch bei Kombination verschiedener Informationsarten abgearbeitet und die Prognosen häufig aktualisiert an sehr viele Kunden abgesetzt werden. Eine Automatisierung dieser Kette ist selbst bei Verwendung von Extrapolationsverfahren unumgänglich. Die Erfahrung hat gelehrt, daß die Extrapolation auch noch als Mensch-Maschine-Wechselwirkung angelegt werden muß. Summa summarum entsteht somit eine anspruchsvolle Aufgabe der Datenverarbeitung, welche insbesondere an die Technik der Übertragung, Speicherung und Darstellung hinsichtlich der Bewältigung sehr hoher Datenraten außerordentliche Anforderungen stellt.

Ein besonderes Problem ist die Kombination verschiedenartiger mesometeorologischer Informationen. Die Zusammenschau von Radar-Satellitendaten und aus dem Stationsnetz stammender Daten kann unter den oben skizzierten Umständen nicht mehr mit dem traditionellen Mittel — der synoptischen Karte, einer großartigen Erfindung des 19. Jahrhunderts — geleistet werden. Die moderne dezentrale, mikrorechnergestützte Informationsverarbeitung läßt zunehmend eine höherstehende Alternative folgender Beschaffenheit erkennen:

Kartenblatt	→ Bildschirm
Stapel von FS-Meldungen	→ rechnergestütztes Datensammel- und Speichersystem
Eintragevorschrift	→ Softwarepaket „Darstellung“
Auswertung	→ Mensch-Maschine-Dialog
Kartengalerie	→ Animation

Am weitesten ausgebaut ist gegenwärtig das System der mesometeorologischen Extrapolation im Rahmen des UK-FRONTIERS-Projektes (BROWNING, 1980). Es erhält als realisierte Aufgabe die Schätzung der Niederschlagsintensität aller halben Stunden unter Nutzung eines Radarnetzes und der Extrapolation der Niederschlagsintensität unter Verwendung statistischer Verfahren und einer Mensch-Maschine-Kombination. Vorgesehen ist die Einbeziehung von Satellitendaten und Daten des Stationsnetzes.

Trotz des enormen technischen Aufwands sind die mesometeorologischen Extrapolationsverfahren im ganzen einer Überführung näher als hydrodynamische mesometeorologische Vorhersageverfahren. Man muß sich dabei aber vor Augen halten, daß viele mesometeorologische Prozesse kaum mehr als zwei Stunden durch Extrapolation vorhersagbar sind. Andererseits sind hydrodynamische Verfahren nur jenseits dieser Schwelle praktisch nutzbar. Es ist deshalb langfristig der sich ergänzende Einsatz beider Methoden anzustreben.

Hydrodynamische Mesomodellierung wird in größerem Umfang schon seit etwa zwei Jahrzehnten betrieben. Gegenwärtig reifen die Früchte dieser Bemühungen — es werden die ersten (vorsichtigen) Überführungsversuche gemeldet. Die gegenwärtig mit der hydrodynamischen Mesomodellierung verbundenen Probleme kann man in drei Gruppen zusammenfassen:

— Übergang zu komplexen Modellen,
— Problem der Anfangsdaten,
— Rechnerproblem.

Die meisten der bekannten Mesomodelle sind in hohem Grade spezialisiert, sie sind auf bestimmte Mesobereiche und innerhalb dieser sogar auf einzelne Phänomene zugeschnitten. Bei diesem Vorgehen können natürlich erleichternde Annahmen differenziert ausgenutzt werden (z. B. anelastische oder statische Näherung u. a. s. WIPPERMANN, 1981).

VELTIŠČEV u. a. (1982) vom Hydrometeorologischen Zentrum Moskau halten die Zeit für gekommen, universellere, nichthydrostatische Modelle zur Vorhersage von Temperatur, Druck, Geschwindigkeit, Feuchte, Bewölkung und Niederschlag aufzubauen und zu testen. Gegenwärtig ist bei Modellen dieses Typs, selbst wenn die Daten- und Rechnerfrage gelöst wäre, noch nicht an eine Überführung zu denken. Vom Niveau der erreichten Modellierung her ist eine Überführung herangereift für hydrostatische Modelle, vornehmlich im Bereich Meso α.

Noch nicht ausreichend geklärt ist die Rolle der Anfangsfelder bei der mesometeorologischen Vorhersage. Nach dem gegenwärtigen Stand der Erkenntnis ist es zweckmäßig, zwischen vorrangig unterlagengeprägten und wesentlich nichtstationären, durch Makroscaleprozesse geprägten mesometeorologischen Prozessen zu unterscheiden. Im ersten Fall wird das Prognoseresultat hauptsächlich durch die als Randbedingungen eingeführten Eigenschaften der Unterlage bestimmt, während die mesometeorologische Komponente des Anfangszustandes rasch vergessen wird. Es genügt also die Vorgabe des Anfangszustandes im Makroscale. Anders im zweiten Fall, hier kommt es darauf an, das Phänomen in einem möglichst frühen Entwicklungsstadium im Anfangsfeld abzubilden. In diesem Fall entsteht Bedarf nach einer Mesoanalyse und das Problem, die Verwertung dieser Information durch das Prognosemodell zu sichern.

Die Modellierung unterlagengeprägter mesometeorologischer Prozesse ist am weitesten gediehen. Es wird für möglich gehalten, als erste Form der Überführung ein Archiv aufzubauen, welches die Resultate von Mesomodellen, nach makrometeorologischen Parametern klassifiziert, enthält. Auf diese Weise könnten solche Phänomene wie Land-Seewindzirkulation, Stadtwirkungen, thermischen Wirkungen von Seen und bestimmte Wirkungen der Orographie erfaßt werden.

Für nichtstationäre mesometeorologische Prozesse wie Teiltiefs, Fronten, Böenlinien usw. ist ein zeitkritisches komplexes Mesoprognosesystem unabdingbar. Unter den nichtstationären mesometeorologischen Prozessen rufen bestimmte Bandenstrukturen im Niederschlagsfeld von Fronten besonderes Interesse hervor. Es interessiert die Frage, welcher Grad von Detaillierung hinsichtlich der Initialdaten notwendig ist, um eine 6—12stündige Niederschlagsvorhersage mit realistischer Bandenstruktur zu erhalten. Es gibt hierzu Fallstudien mit kontroversen Aussagen. Experimenten mit positiver Wirkung einer vorgegebenen Mesostruktur im Anfangsfeld stehen Experimente relativer Unempfindlichkeit hinsichtlich der Anfangsfelder gegenüber. Letztlich geht es auch im Mesobereich um die Entwicklung einer Initialisierungsprozedur, die zweierlei leistet. Erstens, Schaffung eines genügend hohen Balancegrades bereits zum Anfangszeitpunkt und zweitens volle Verwertung der von der Analyse angebotenen Informationen durch das Prognosemodell.

Man kann ohne Übertreibung sagen, daß die Anforderungen an einen Rechner durch ein hochgerüstetes Mesomodell dem eines globalen Mittelfristvorhersagemodells kaum nachstehen. Wenn man im Modell eine Modellierung ohne wesentliche Trunkationsfehler erreichen will, dann müßte der Gitterabstand d im Modell sich zum Maßstab L etwa wie 1:8 verhalten. Das ergibt für die Bereiche Meso $\alpha d \approx$ 100 km, für Meso $\beta d \approx$ 10 km und Meso γ etwa $d \approx$ 1 km. Hieraus resultiert letztlich in Verbindung mit einer adäquaten vertikalen Auflösung und dem Stabilität garantierenden kleinen Zeitschritt für angemessene Integrationsgebiete jener enorme Zeitbedarf. Die derzeit schnellsten Rechner bewältigen eine 24-Std.-Vorhersage bei $d \approx$ 10 km und genügend beschränkter Ausdehnung des Prognosegebietes in etwa einer Stunde.

6. Operative Wettervorhersage

Ein operatives System der Wettervorhersage ist heutzutage eine Kombination numerischer und nichtnumerischer Komponenten. Ein solches System enthält unvermeidlich die folgenden Hauptglieder:

Informationsaustausch,
Primäre Informationsbearbeitung,
Kontrolle der Information,
Analyse (Diagnose) der Information,
Prognose,
Darstellung der Information.

Jedes Glied kann numerisch oder nichtnumerisch in allen Stufungen realisiert werden. Das Geheimnis einer leistungsfähigen Wettervorhersage besteht in einer optimalen Kombination numerischer und nichtnumerischer Verfahren, auch als Mensch-Maschine-Kombination im weiteren Wortsinn bezeichnet. Die konkrete Realisierungsform wird vor allem durch den Stand von Theorie und Technik im jeweiligen Zentrum bestimmt. Der Bereich Prognose spaltet sich in folgende Teilbereiche auf:

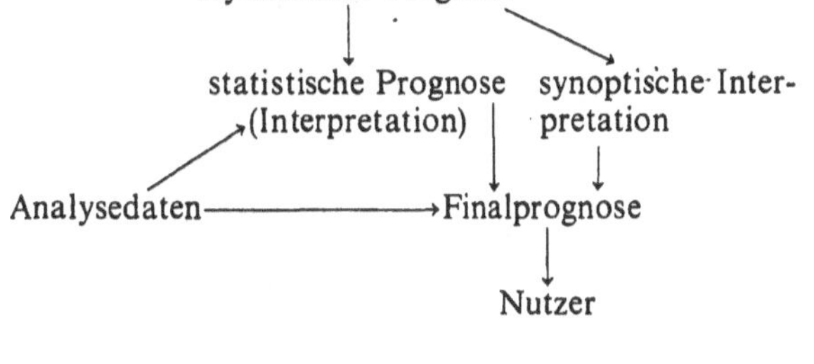

Das Charakteristische dieser Struktur besteht darin, daß zwischen der vollständig numerisch erzeugten dynamischen Vorhersage und der Erzeugung der Finalprognose eine Prozedur zwischengeschaltet ist, die ihrem Wesen nach eine statistische Interpretation der dynamischen Vorhersagen darstellt. Sie ruht hauptsächlich auf synchronen statistischen Beziehungen, gegenwärtig vorrangig zwischen prognostiziertem Makro β-Zustand und regionalem bzw. lokalem Wetter. Auch bei der Einführung dynamischer Mesomodelle und Makromodelle wird diese Interpretation, dann auf niedrigerer bzw. höherer Scaleebene, für notwendig erachtet.

Gegenwärtig betreibt etwa ein Sechstel der rund 150 WMO-Mitglieder in dieser oder jener Ausbaustufe numerische Wettervorhersage.

Der Veteran der numerischen Wettervorhersage ist das dynamische Kurzfristvorhersagemodell, welches Prozesse im Makro-β-Bereich in einem Grobgitter simuliert.

Die große Neuerung der letzten drei Jahre waren die hydrodynamischen Mittelfristvorhersagemodelle. Sie simulieren die Prozesse im Makro-β-Bereich realistischer und erfassen den Makro-α-Bereich teilweise. Die Anwendung dieser Modelle ist auf wenige Großzentren beschränkt (Welt- und Regionalzentren der WWW).

Ein sehr bedeutsamer Trend der Entwicklung besteht darin, daß auch in den Nationalen Meteorologischen Zentren der WWW sich ein Modellwechsel vollzieht. Es geht darum, die Modellierung des Makro-β-Scales für den Kurzfristbereich aufzugeben, dies den Mittelfristmodellen zu überlassen und sich dem Mesobereich zuzuwenden. Diese Änderung ist dem Wesen nach ein Scalewechsel und geht damit weit über einen Modellwechsel hinaus. Die Aufgabe der kommenden Jahre für die Nationalen Meteorologischen Zentren besteht darin, ein operativ einsetzbares System der Kürzestfristvorhersage mesometeorologischer Prozesse aufzubauen. Diese Aufgabe ist sehr vielschichtig und wird wohl wenigstens die ganzen 80er Jahre umfassen. Die Wirkung für die Praxis wird vor allem davon abhängen, wie es gelingt, Beobachtung, Theorie und Technik gleichermaßen zu entwickeln.

Gegenwärtig existieren überzeugende Vorbilder zur weiteren Gestaltung des Radarnetzes und der Erschließung der mesometeorologischen Komponente der Satelliteninformation sowie der Automatisierung der Netze (s. Nowcasting, 1981). Die technischen Voraussetzungen für eine auf Extrapolation beruhende Kürzestfristvorhersage stehen oder entstehen vor unseren Augen.

Die theoretischen Voraussetzungen für die Überführung von Meso α-Modellen (s. dazu auch den Beitrag von H.-J. Herzog) sind weit entwickelt. Im Meso β-Bereich sind Spezialmodelle nutzbar. Die notwendige technische Voraussetzung sind jedoch entsprechend leistungsfähige Rechner.

Diese Änderungen im Tätigkeitsprofil der Zentren werden die Arbeitsteilung im Rahmen der WWW, aber auch innerhalb der nationalen Dienste vertiefen.

Da sich die Anforderungen von seiten der Nutzen an NMC auch künftig nicht auf Kürzestfristvorhersagen beschränken werden, entsteht das Bedürfnis nach intensiverer Nachnutzung der Produkte Regionaler und Weltmeteorologischer Zentren. Die dafür notwendige stabile Kooperation kann sich nur in einer stabil friedlich geschichteten Atmosphäre entwickeln.

Ich möchte am Schluß die berühmte Frage von Schmauss (1942, Seite 113) aufnehmen „Dürfen wir hoffen, es in der Wettervorhersage einmal zu völliger Sicherheit zu bringen?"

Darauf muß man klar antworten, nein, aber wir dürfen bei Beachtung der Scalestruktur der Atmosphäre hoffen, es zu höherer Sicherheit zu bringen. Diese Doppelantwort liefern m. E. die von Bjerknes bezeichneten Gleichungen selbst, wenn wir sie nicht verkennen.

Zur Bestätigung und zum Trost rufe ich Goethe (1970) an, der in seiner 1825 verfaßten, aber erst im Nachlaß veröffentlichten Schrift „Versuch einer Witterungslehre", schreibt:

„Wir nehmen zwar ein Witterungsgrundgesetz an, achten aber desto genauer auf die unendlichen physischen, geologischen, topographischen Verschiedenheiten, um uns die Abweichung der Erscheinung wo möglich deuten zu können. Hält man fest an der Regel, so findet man sich auch immer in der Erfassung derselben zurückgeführt, wer das Gesetz verkennt, verzweifelt an der Erfahrung, denn im allerhöchsten Sinn ist jede Ausnahme schon in der Regel begriffen."

Wer die Gleichungen verkennt, verzweifelt an der Erfahrung.

Literatur

Allunionskonferenz (1982), Tezisy dokladov VI. Vsesojuznogo soveščanija po radiometeorologie, Tallin, 170 s.

Bengtsson, L.: The Weather Forecast. PAGEOPH Vol. 119 (1980) 515—537.

Bergeron, T.: Methods in Scientific Weather Analysis and Forecasting. An Outline in the History of Ideas and Hints at a Program. The ROSSBY Memorial Volume, The Rockefeller Institute Press, New York 1959, 440—474.

Bjerknes, V.: Wettervorhersage. Meteor. Z. **36** (1919) S. 68—75.

Browning, K. A.: A Total System Approach to a Weather Radar Network. s. Nowcasting (1981), 115—122.

Bube, K. P., Ghil, M.: Assimilation of Asynoptic Data and the Initialization Problem. In: Dynamic Meteorology: Data Assimilation Methods. Applied Mathematical Sciences. Vol. 36 (1981, 111—138.

Gandin, L. S., Kagan, R. L.: O postroenii sistemy objektivnogo analiza raznorodnych dannych na ocnove metoda optimal'noj interpoljacii i optimal'nogo soglasovanija. Meteor. i Gidrol. No. 5 (1974), 3—10.

Ghil, M. u. a.: Applications of Estimation Theory to Numerical Weather Prediction, wie: Bube (1981), 139—224.

Goethe, J. W.: Die Schriften zur Naturwissenschaft. Böhlaus Nachf., Weimar, Bd. 11 (1970), S. 266.

Hobbs, P. V.: The Seattle Workshop on Extratropical Cyclones: A Cell for a National Cyclone Project. Bull. Amer. Met. Soc., **62** (1981), No. 2, 244—254.

KLUGE, J., STAHNKE-JUNGHEIM, K.-H., VOLLBRECHT, CH.: Numerische Geopotentialanalyse unter Verwendung von TEMP-, SATEM- und PROGNOSE-Daten sowie anderen Informationen. Zeitschr. Meteor. 30/4 (1980), 232—244.

LORENZ, E. N.: The Predictability of a Flow which Posesses Many Scales of Motion. Tellus **21** (1969), 289—307.

MARČUK, G. I.: Fizika atmosfery i okeana i problema prognoz pogody. Meteor. i Gidrol. No. 10 (1976), 3—14.

MIYAKODA, K., CHAO JING-PING: Essay on Dynamical Long-Range Forecasts of Atmospheric Circulation. J. Met. Soc. Japan, Ser. II, **60** (1982), No. 1, 292—308.

MONIN, A. S.: Prognoz pogody kak zadača fiziki. Nauka, Moskva (1969), 184 S.

Nowcasting: Mesoscale Observations and Short-Range Prediction. Proceedings of an International Symposium 25—28. August 1981, Hamburg (Part of the IAMAP Third Scientific Assembly). ESA SP-165, 416 p.

PETROSJANZ, M. A.: Pjat'desjat let zentru gidrometeorologičeskich prognozov. Gidrometeoizdat, Leningrad 1979, 187 S.

PHILLIPS, N. A.: Variational Analysis and the Slow Manifold. Monthly Weather Rev. **109** (1981), No. 12, 2415—2426.

RAMAGE, C. S.: Prognosis for Weather Forecasting. Bull. Amer. Meteor. Soc. **57** (1976), No. 1, 4—10.

SCHMAUSS, A.: Das Problem der Wettervorhersage, Akad. Verlagsges., Leipzig 1942, S. 116.

SMITH, W. L., NAGLE, F. W., HAYDEN, C. M., WOOLF, H. M.: Vertical Mass and Moisture Structure from TIROS-N. Bull. Amer. Meteor. Soc., **62** (1981), No. 3, 388—393.

SONEČKIN, D. M.: Dinamiko-stochastičeskij podchod k zadače objektivnogo analiza dannych raznorodnognych meteorologičeskich nabljudenij. Trudy GMZ 181 (1976), 54—76.

TU-CHENG YEH, MAI-TSUN LI: On the Characteristics of the Scales of the Atmospheric Motions, J. Meteor. Soc. Japan, Ser. II, **60** (1982), No. 1, 16—23.

VELTIŠČEV, N. F., ŠELNIN, A. A., KISEL'NIKOVA, V. Z., PEKELIS, E. M., PRESSMAN, D. J.: Mezomasštabnyj čislennyj prognoz pogody. Meteor. i Gidrol. No. 4 (1982), 5—15.

WIPPERMANN, F.: The Applicability of Several Approximations in Meso-Scale Modelling — A Linear Approach. Beiträge Phys. d. Atmosphäre, **54** (1981), No. 2, 298—308.

Die Bedeutung der Normalmoden für die Initialisierung globaler Vorhersagesysteme und deren Anwendungsmöglichkeit in Nestmodellen

H.-J. HERZOG

1. Einführung

Die Entwicklung nach Normalmoden der hydrothermodynamischen Gleichungen ist von grundsätzlicher Bedeutung für die atmosphärische Dynamik. Die Erfahrung der letzten 5 Jahre macht deutlich, daß damit neue Erkenntnisse, tiefere Einsichten in schon bekannte Zusammenhänge sowie fruchtbare Ansätze zur Erhellung bisher ungelöster Probleme gewonnen werden konnten. Auf dem Gebiet der numerischen Modellierung eröffnet sich eine breite Anwendungsmöglichkeit, was den praktischen Zielen der numerischen Wettervorhersage zugute kommt.

Die Eigenschaften und das Verfahren zur Konstruktion dieser Normalmoden — es handelt sich um die Eigenlösungen für die freien Schwingungen der linearisierten primitiven Gleichungen in einer adiabatischen Atmosphäre — wurde von vielen Autoren ausführlich untersucht (z. B. DIKIJ 1965, LONGUET-HIGGINS 1968, KASAHARA 1976). Die Normalmoden werden bei Gezeitenstudien ausgenutzt (z. B. SIEBERT 1961, CHAPMAN und LINDZEN 1970), sie bilden die Grundlage für ein objektives Analyseverfahren von FLATTERY (1971) und für die spektrale Analyse globaler Daten (KASAHARA 1976), sie erfahren ihre Anwendung bei der Initialisierung globaler und hemisphärischer Modelle (z. B. WILLIAMSON und TEMPERTON 1979; DALEY 1979), in allerjüngster Zeit auch bei der Initialisierung von Regionalmodellen (BRIERE 1982, HERZOG und MEYER 1982a, 1983a, b) bzw. bei der Modellierung feinerskaliger Gebirgseffekte (WERGEN 1981, BRIERE 1982), ihre Nützlichkeit wird verdeutlicht bei der Suche nach einem effizienten Zeitintegrationsschema für die primitiven Gleichungen (DALEY 1980a), sie finden direkt Eingang in die spektrale Modellierung (KASAHARA 1977, 1978), sie liefern neue methodische Ansätze für eine vierdimensionale Datenassimilation (DALEY und PURI 1980), sie erhellen die Frage nach der optimalen Spezifizierung des Anfangszustandes für die deterministische Vorhersage (DALEY 1980b) im Zusammenhang mit dem Aufbau eines rationellen globalen Beobachtungssystems, es ergeben sich dabei neue Zusammenhänge zur Anwendung der optimalen Interpolation und der Variationstechnik (PHILLIPS 1981b), es läßt sich die quasi-geostrophische Theorie in neuer Sicht formulieren (LEITH 1980), und zur Vervollständigung der weitgeführten konsequenten Anwendung haben sich die Modellnormalmoden als praktisch sehr nützlich beim Auffinden von Formulierungs- und Programmierfehlern im rein dynamischen Teil globaler Modelle erwiesen (CHAO und GELLER 1982).

Die Aufzählung der Anwendungsmöglichkeiten mag, ohne auf nur ein Detail eingehen zu können, fast vollständig sein. Die Kürze der Darstellung zwingt zur Beschränkung auf den wahrscheinlich praktisch bedeutendsten Anwendungsbereich, auf die Initialisierung. (Dabei wird kaum Gelegenheit sein, umfassend zu definieren, was unter Initialisierung verstanden werden soll.)

2. Die nichtlineare Normalmodeninitialisierung

Zunächst sei die Initialisierung im engeren Sinne aufgefaßt. Es handelt sich dabei um die Bereitstellung eines dermaßen zwischen Druck- und Windfeld ausbalancierten Anfangszustandes, so daß davon ausgehend, die numerische Prognose mit einem primitiven Modell erfolgreich, d. h. praktisch lärmfrei, ausgeführt werden kann. Der Grund für ein solches Vorgehen beruht auf der Tatsache, daß numerische Modelle für Gravitationswellen ein im Vergleich zur Natur viel zu hohes Energieniveau entwickeln. Traditionelle Initialisierungsverfahren, wie die Anwendung diagnostischer bzw. statischer Balancebeziehungen oder dynamischer Verfahren in Form zyklischer Vorwärts-Rückwärtszeitintegrationen um den Initialpunkt bringen nicht den Erfolg, der sich überzeugend mittels der nichtlinearen Normalmodentechnik erzielen läßt. Der Vorteil dieses Verfahrens gegenüber anderen Methoden besteht in der Ausnutzung der Prognosegleichungen selbst in einer solchen Weise, daß unter Ausschluß einer Entwicklung unzulässiger Energiebeträge im Gravitationswellenregime ein balanciertes Anfangsfeld in größtmöglicher Kohärenz mit der dynamischen Entwicklung entsteht.

Die Normalmodentechnik setzt die Konstruktion der Normalmoden für das betreffende Modell voraus. Für ein globales Modell sei das kurz in Worten wiedergegeben. Es ist dabei prinzipiell belanglos, ob es sich um ein spektrales oder ein Gitterpunktmodell handelt. Der erste Schritt besteht in der Linearisierung um einen Grundzustand der Ruhe, wobei die Temperatur nur eine Funktion der Vertikalen ist. Zwei Eigenwertprobleme ergeben sich dabei nacheinander. Das erste besteht im Auffinden der Eigenwerte und Eigenvektoren der diskretisierten Vertikalstrukturgleichung. Die vertikalen Eigenwerte heißen „äquivalente Tiefen“. Die größte „äquivalente Tiefe“ entspricht dem externen Moden und die nachfolgenden heißen: erster interner, zweiter interner, ... mit abnehmenden zugeordneten „äquivalenten Tiefen". Für jede „äquivalente Tiefe" ergibt sich eine Horizontalstrukturgleichung. Die horizontalen Eigenvektoren sind als HOUGH-Funktionen bekannt, und die entsprechenden Eigenwerte sind Frequenzen. Die Eigenvektoren können nun entsprechend den zugeordneten Frequenzen in zwei Klassen aufgespaltet werden: In niederfrequente westwärts wandernde Rossby-Moden und in hochfrequente ost- und westwärts wandernde Gravitations-Moden. Besonders für den externen Moden ist im allgemeinen eine deutliche Trennung zwischen ROSSBY- und Gravitationsmoden möglich. Für interne Moden sind die Gravitationsmoden mit abnehmender „äquivalenter Tiefe" in ihrer Ausbreitungsgeschwindigkeit weniger schnell, und die Frequenzseparierung ist weniger deutlich ausgeprägt.

Nach entsprechenden Ähnlichkeitstransformationen ergeben sich völlig gleichberechtigt zu den Ausgangsgleichungen dynamische Gleichungen im Modenraum, die in Vektorschreibweise formuliert werden können:

$$\dot{\boldsymbol{X}} = -\mathrm{i}\Lambda \boldsymbol{X} + \boldsymbol{R}(\boldsymbol{X}) \qquad (1)$$

Der Vektor $\boldsymbol{X}$ beschreibt mit der Gesamtheit seiner Elemente alle Modenkoeffizienten bzw. -amplituden des Modells. Λ ist eine Diagonalmatrix, deren Elemente alle Eigenfrequenzen umfaßt. Der Vektor $\boldsymbol{R}$ mit seiner symbolisch angezeigten funktionellen Abhängigkeit von $\boldsymbol{X}$ stammt von den nichtlinearen Operationen. An dem Gleichungssystem (1) kann nun im allgemeinen leicht im Sinne der gewünschten Frequenzseparierung die Aufspaltung in dynamische Gleichungen für „langsame" Moden $\boldsymbol{Y}$ entsprechend den niedrigen Frequenzen Λ_y, und für „schnelle" Moden $\boldsymbol{Z}$ entsprechend den hohen Frequenzen Λ_z, vorgenommen werden. Damit zerfällt das System (1) in die zwei Systeme

$$\dot{\boldsymbol{Y}} = -\mathrm{i}\Lambda_y \boldsymbol{Y} + \boldsymbol{R}_y(\boldsymbol{Y}, \boldsymbol{Z}), \qquad (2a)$$

$$\dot{\boldsymbol{Z}} = -\mathrm{i}\Lambda_z \boldsymbol{Z} + \boldsymbol{R}_z(\boldsymbol{Y}, \boldsymbol{Z}). \qquad (2b)$$

$\boldsymbol{R}_y$ und $\boldsymbol{R}_z$ sind dabei die nichtlinearen Projektionen auf die langsamen bzw. schnellen Moden, die jeweils Funktionen sowohl der langsamen als auch der schnellen Moden sind (die symbolische Schreibweise von (2a, b) entspricht der bei DALEY (1981). Die Idee der nichtlinearen Normalmodeninitialisierung stammt von MACHENHAUER (1977) (unabhängig davon aber auch von BAER (1977)) und geht von Gleichung (2b) aus. Die schnellen Moden in den Anfangsdaten werden entsprechend derart modifiziert, daß sie der nichtlinearen Balancegleichung

$$\boldsymbol{Z} = (\mathrm{i}\Lambda)^{-1} \boldsymbol{R}_z(\boldsymbol{Y}, \boldsymbol{Z}) \qquad (3)$$

genügen. Bei unveränderten langsamen Moden $\boldsymbol{Y}$ wird eine Lösung der Gleichung (3) für $\boldsymbol{Z}$ iterativ mit der Konsequenz gefunden, daß die daraus abgeleiteten Anfangsdaten dann keine schnelle von Gravitationsmoden herrührende Zeittendenzen in sich enthalten. Prinzipielle Fragen der Konvergenz des angedeuteten Verfahrens können hier nicht behandelt werden. Verfeinerungen dieser MACHENHAUER-Prozedur sind von BAER und TRIBBIA (1977) entwickelt worden (s. a. BALLISH 1979, 1981; PHILIPPS 1981a), und die daraus resultierenden Verbesserungen lassen sich empirisch belegen.

Eine solche Prozedur, mit leichten Abwandlungen und/oder Ergänzungen, wird in der gegenwärtigen Zeit schon in verschiedenen meteorologischen Zentren eingesetzt (WMO-NWP Progress Report für 1981). Von eindrucksvoller Anschaulichkeit werden die positiven Auswirkungen der nichtlinearen Normalmodeninitialisierung von DALEY (1979, 1981) und von TEMPERTON und WILLIAMSON (1981) sowie WILLIAMSON und TEMPERTON (1981), beschrieben. Die letztgenannten Autoren beziehen sich dabei auf das am ECMWF praktizierte Vorhersagesystem, welches eine besondere Erwähnung in diesem Zusammenhang verdient. Die durch die NMI (NMI = nichtlineare Normalmodeninitialisierung) bedingte Lärmfilterung gestattet es in besonderem Maße, große Mengen unkonventioneller, asynoptischer Daten (die naturgemäß besonders lärmauslösend sind) neben den traditionellen synoptischen Daten als Anfangswerte für das konkrete globale Modell zu akzeptieren.

In diesem Zusammenhang stellt sich neu und verschärft die Frage, was unter Initialisierung zu verstehen ist. Wenn man unter Initialisierung allein die Anwendung der nichtlinearen Normalmodentechnik, beispielsweise im MACHENHAUERschen Sinne durch Modifizierung der schnellen Moden gemäß (3), versteht, so läßt sich dynamisch kohärent ein Anfangszustand auf der nach LEITH (1980) bezeichneten „slow manifold" ohne Abänderung der langsamen Moden erzielen und damit eine lärmfreie Integration einleiten. Ein solches Vorgehen stellt jedoch in Hinblick auf die Fragestellung, wie sich der Informationsgehalt des Anfangszustands auf die Güte der Prognose auswirkt, nur die halbe Wahrheit dar. Neben der lärmbefreienden Anfangsbalancierung muß zugleich für Datentreue gesorgt werden, d. h. um eine Balancierung im Sinne der Normalmodentechnik zu erzielen und gleichzeitig den Informationsgehalt der beobachtenden Daten optimal zu bewahren, muß ein Variationsproblem gelöst werden (DALEY 1978, DALEY und PURI 1980, PHILLIPS 1981b). Dieses beinhaltet die erzwungene Minimisierung der Unterschiede zwischen den Beobachtungsdaten und den balancierten Daten. Dabei sind Überlegungen wichtig, wie die Variationstechnik konsistent mit der nichtlinearen Normalmodentechnik verknüpft werden kann (TRIBBIA 1982). Von einer definierten Grenze zwischen Analyse und Initialisierung kann somit nicht mehr gesprochen werden.

3. Die Anwendung der nichtlinearen Normalmodentechnik auf Regionalmodelle

Die dringliche Forderung nach einer entsprechenden Normalmodentechnik für Regionalmodelle (Modelle, die nur einen Teilbereich der globalen Atmosphäre überdecken und seitlich offene Ränder haben) liegt auf der Hand. Die besonderen Schwierigkeiten, die einer Anwendung der Normalmodeninitialisierung auf Regionalmodelle entgegenstehen, sind erstens prinzipieller Art — sie hängen mit der prinzipiellen Schwierigkeit der dynamischen Prognose in Teilgebieten der Erde zusammen (ERTEL 1941) — und betreffen zweitens eine unter diesen

Umständen zu bewerkstelligende Konstruktion der Normalmoden.

Wir haben eine praktisch erfolgversprechende Normalmodentechnik gefunden (HERZOG und MEYER 1982a, 1983a, b). Auf Einzelheiten der Modenkonstruktion muß hier verzichtet werden. Es sollen nur einige Besonderheiten des Verfahrens verbal hervorgehoben werden. Durch Anwendung von Ähnlichkeitstransformationen längs der Gitterpunktzeiten und -spalten des rechteckigen Gitternestes gelingt es schließlich, für globale Modelle bekannte Techniken beizubehalten und für Regionalmodelle dynamische Modengleichungen in Analogie zu (2a, b) herzuleiten. Die daraus gefundene Filtertechnik zur gewünschten Modifizierung der schnellen Moden beruht dann auf der Verwendung von zwei charakteristischen Zeiten und ergibt — in Analogien gesprochen — kein MACHENHAUER-Schema wie (3), sondern ein solches nach BAER und TRIBBIA (1977). Im Gegensatz zu der Verfahrensweise bei globalen Modellen gehen in die Filterprozedur zur Abänderung der schnellen Moden die seitlichen Randwerte wie auch deren zeitlicher Verlauf neben den nichtlinearen Modelloperatoren ein. Hier findet sich eine interessante Analogie zu einem Vorschlag von PHILLIPS (1981a) zur Berücksichtigung signifikant freiwerdender latenter Wärme. Dieser Vorschlag soll zugleich ein Hinweis zur Behandlung eines Regionalmodells mit hoher Gitterauflösung sein, bei dem die Annahme einer hinreichend kleinen Ro-Zahl nicht mehr zutreffen dürfte. Als Grundvoraussetzung ist für die Anwendung der Normalmodenfilterung zu beachten, daß die in die Filterprozedur eingehenden Randdaten von Hause aus auf der „slow manifold" liegen müssen. Im anderen Falle kann es nicht gelingen, den Modellzustand zum Anfangszeitpunkt auf die „slow manifold" zu bringen. Dieser Fakt ergibt sich zunächst theoretisch, und kann empirisch im Telescoping-Experiment bestätigt werden. Die theoretische Herleitung des Verfahrens ist frei von jeder Annahme über die speziell gewählten seitlichen Randbedingungen. Zugleich wird dabei die prinzipielle Schwierigkeit der Regionalprognose nicht aufgehoben, sondern bestätigt. Vom praktischen Gesichtspunkt wird gefunden, daß die erfolgreiche Anwendbarkeit nicht beeinträchtigt wird, wenn die obengenannte Forderung an die Qualität der Randdaten erfüllt ist.

Neben diesem Verfahren ist uns noch ein zweites von BRIERE (1982) bekannt geworden. Dabei wird das Adaptationsproblem für eine detaillierte Topographie untersucht, wobei sich im Zentrum des rechteckigen Rechengebietes mit hoher Gitterauflösung die Alpen und Pyrenäen befinden. Mit der Annahme zeitfixer Randwerte gelingt es, sinusförmige Basisfunktionen zur Entkopplung der horizontalen Struktur anzuwenden.

Abschließend seien einige ausgewählte Ergebnisse der Anwendung der Normalmodentechnik auf ein Regionalmodell mit zeitvariablen Randbedingungen gemäß unserem Vorgehen (HERZOG und MEYER 1982a, 1983a, b) gebracht. Es soll damit nicht die ausführliche Darstellung in einer sich in Vorbereitung befindlichen Veröffentlichung der beiden Autoren vorweggenommen werden.

Grundlage der ausgeführten Nestexperimente bildet ein zweidimensionales nichtlineares 10-Flächenmodell in einer x,p-Ebene (es wurde vom Autor dieser Arbeit zum Zwecke verschiedenster methodischer Studien entwikkelt). Die Zeitintegration wird mit einem leap-frog-Schema ausgeführt. Das Modell enthält keine Diffusionsterme. Die „globale" Modellversion wird durch seitlich periodische Fortsetzung simuliert. Sie dient als Randwertlieferant (one-way-Methode) für die entsprechende Nest-Modellversion (mit horizontaler Gitterweite d = 100 km; das „globale" Modell mit d = 200 km). Sowohl das globale Modell als auch das Nestmodell werden mit und ohne die nichtlineare Normalmoden-initialisierung (NMI) gerechnet und so die verschiedenen Varianten im Nestverfahren miteinander verknüpft. Die vorgegebenen Anfangsfelder sind geostrophisch balanciert und erlauben dynamische Instabilität. Als Randtechnik wird die nicht vorbehaltlos befriedigende Methode der Randwertadaptation von CHEN (1973) (o. a. CHEN und MIYAKODA 1974) angewendet.

In Abb. 1a wird für das „globale" Modell der zeitliche Verlauf des Vertikalprofils von $\overline{|\omega|} = \frac{1}{N} \Sigma |\omega|$ (horizontales Mittel aus den Absolutbeträgen der generalisierten Vertikalgeschwindigkeit $\omega \equiv \frac{dp}{dt}$, die Mittelung erfolgt über alle N Punkte des periodischen Gebietes) mit und ohne NMI (MACHENHAUER-Schema gemäß Formel (3)) dargestellt. Ohne NMI startet das Modell von der geostrophischen Anfangsbalance mit $\omega = 0$. Im Laufe der Integrationszeit wird das typische Vertikalprofil von $\overline{|\omega|}$ zwar aufgebaut, es gehen mit diesem Aufbauvorgang jedoch parasitäre Modellschwingungen einher. Die NMI verhindert diese Oszillationen nahezu vollständig und erzeugt schon zum Anfangszeitpunkt das synoptisch einleuchtende Vertikalprofil von $\overline{|\omega|}$. Es werden dadurch notwendige Voraussetzungen für die Berücksichtigung des Feuchtehaushalts geschaffen. Die Ergebnisse stimmen qualitativ mit denen von DALEY (1979) überein.

In Abb. 1b wird nun für das Nestmodell der zeitliche Verlauf des Vertikalprofiles von $\overline{|\omega|}$ wiedergegeben. Die für $\overline{|\omega|}$ ausgeführte horizontale Mittelung bezieht sich dabei auf alle, d. h. auch die randnächsten, inneren Rechengitterpunkte. Die entsprechenden Kurven beziehen sich auf die Integration ohne und mit der neu entwickelten NMI für das Nestmodell und dabei in jedem Falle in Abhängigkeit davon, ob die Randwerte von dem „globalen" Modell mit und ohne NMI abgeleitet werden. Die Ergebnisse für das Nestmodell lassen klar die schon aus unserer Theorie gefolgerte Bedingung erkennen, wonach es notwendig ist, daß die verwendeten Randdaten von Hause aus auf der „slow manifold" liegen müssen. Nur eine darauf aufbauende NMI für das Nestmodell erweist sich dann auch als hinreichendes Initialisierungsverfahren und ist in der Lage, sofort zur Zeit $t = 0$ die gewünschte Struktur der Vertikalbewegung zu erzeugen und ohne Verzerrung durch parasitäre Gravitationsschwingung während des Integrationsverlaufs zu bewahren.

Abschließend soll die Wirkung der auf das Nestmodell angewendeten NMI noch am zeitlichen Verlauf

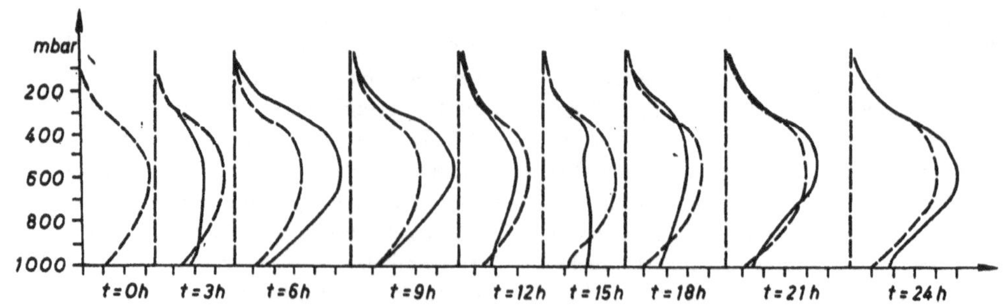

Abb. 1a. Zeitlicher Verlauf des Vertikalprofils von $\overline{|\omega|}$ für das „globale" Modell
——— ohne nichtlineare Normalmodeninitialisierung
— — — mit nichtlinearer Normalmodeninitialisierung
Werte von $\overline{|\omega|}$ in relativen Einheiten (nach HERZOG und MEYER 1982b)

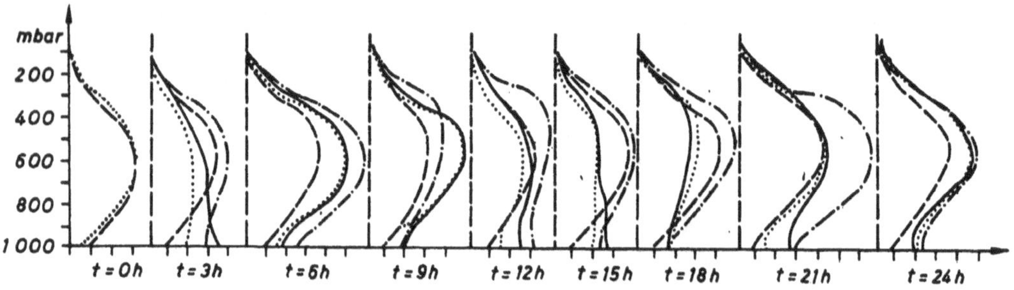

Abb. 1b. Zeitlicher Verlauf des Vertikalprofils von $\overline{|\omega|}$ für das Nestmodell
——— Nestmodell (ohne NMI)/globales Modell (ohne NMI)
...... Nestmodell (mit NMI)/globales Modell (ohne NMI)
—·— Nestmodell (ohne NMI)/globales Modell (mit NMI)
— — — Nestmodell (mit NMI)/globales Modell (mit NMI)
Werte von $\overline{|\omega|}$ in relativen Einheiten (nach HERZOG und MEYER 1982b)

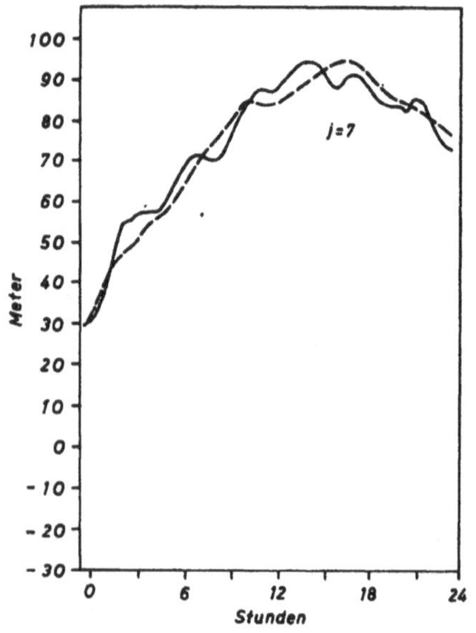

Abb. 2a. Zeitverlauf der Höhenabweichung der 1000-mbar-Fläche von einem Standardwert für den Punkt $j = 7$ im Nestmodell
——— Nestmodell (ohne NMI)/globales Modell (ohne NMI)
— — — Nestmodell (mit NMI)/globales Modell (mit NMI)
(nach HERZOG und MEYER 1982b)

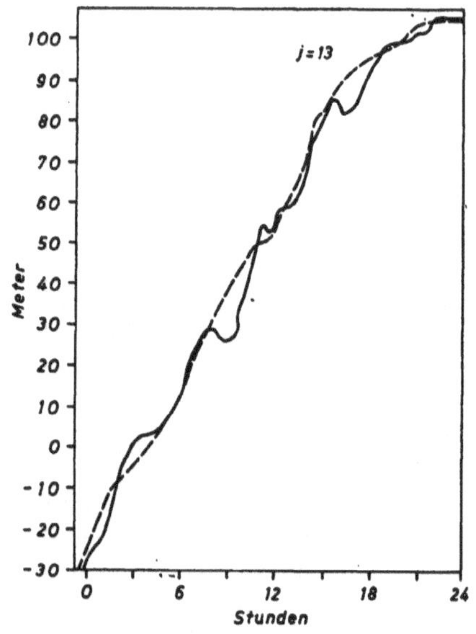

Abb. 2b. Zeitverlauf der Höhenabweichung der 1000-mbar-Fläche von einem Standardwert für den Punkt $j = 13$ im Nestmodell
——— Nestmodell (ohne NMI)/globales Modell (ohne NMI)
— — — Nestmodell (mit NMI)/globales Modell (mit NMI)
(nach HERZOG und MEYER 1982b)

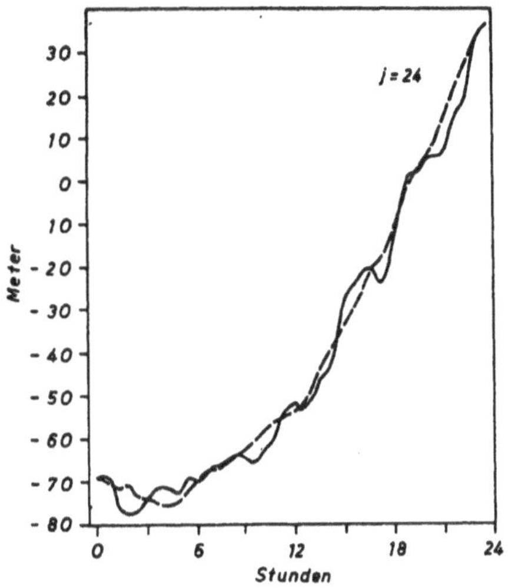

Abb. 2c. Zeitverlauf der Höhenabweichung der 1000-mbar-Fläche von einem Standardwert für den Punkt $j = 24$ im Nestmodell
——— Nestmodell (ohne NMI)/globales Modell (ohne NMI)
– – – Nestmodell (mit NMI)/globales Modell (mit NMI)
(nach HERZOG und MEYER 1982b)

des Bodendrucks (bzw. der aktuellen Abweichung der Höhe der 1000-mbar-Fläche von einem Standard-Wert) für drei ausgewählte Punkte demonstriert werden (Abb. 2a, b, c). Wenn mit $j = 1, \ldots, 25$ die Punkte $j = 1$ und $j = 25$ den linken bzw. rechten Randpunkt darstellen, sind die ausgewählten Punkte durch $j = 7$, $j = 13$ (Mittelpunkt) und $j = 24$ (derjenige Gitterpunkt, der unmittelbar pro Zeitschritt die Randadaptation nach CHEN erfährt) gekennzeichnet.

Ein wichtiger Schritt für die Initialisierung im engeren Sinne von Regionalmodellen ist damit getan. Durch die Anwendung der Normalmodentechnik gelingt es, einen Modellzustand zum Anfangszeitpunkt zu finden, der sich praktisch auf der „slow manifold" befindet. Über weitere Einzelheiten und Zusammenhänge muß auf eine Veröffentlichung zusammen mit meinem Kollegen Dr. A. MEYER verwiesen werden. Da es von höherer Warte gesehen, nicht allein darauf ankommt, den Modellzustand zum Anfangszeitpunkt auf die „slow manifold" schlechthin zu bringen, sondern Änderungen auch der langsamen Moden im Sinne der anzustrebenden Datentreue zuzulassen, liegt damit für uns das fernere Vorgehen im Zusammenhang mit der Regionalmodellierung auf der Hand. Schon jetzt ist aber ein wichtiges Ergebnis erzielt worden, das insofern der Prognoseverbeserung dient, als es beispielsweise eine sinnvolle Einbeziehung der Feuchtephysik durch eine wesentlich verbesserte dynamische Vertikalbewegung ermöglicht.

Literatur

BAER, F.: Adjustment of Initial Conditions Required to Suppress Gravity Oscillations in Nonlinear Flows. Beitr. Phys. Atmosph. **50** (1977), 350—366.

BAER, F. und TRIBBIA, J. J.: On Complete Filtering of Gravity Modes Through Nonlinear Initialization. Monthly Weather Rev. **105** (1977), 1536—1539.

BALLISH, B. A.: Comparison of some nonlinear initialization techniques. Preprints Fourth Conf. Num. Weath. Predictions, 1979, 9—12.

BALLISH, B. A.: A simple test of the initialization of gravity modes. Monthly Weather Rev. **109** (1981), 1318—1321.

BRIERE, S.: Nonlinear Normal Mode Initialization of a Limited Area Model. Monthly Weather Rev. **9** (1982).

CHAO, W. C., GELLER, M. A.: Utilization of Normal Mode Initial Conditions for Detecting Errors in the Dynamics Part of Primitive Equation Global Models. Monthly Weather Rev. **110** (1982), 304—306.

CHAPMAN, S. und LINDZEN, R. S.: Atmospheric Tides — Thermal and Gravitational. Reidel, Dordrecht, 1970, 200 S.

CHEN, J. H.: Numerical boundary conditions and computational modes. J. Comp. Phys. **13** (1973), 522.

CHEN, J. H., Miyakoda, K.: A nested grid computation for the barotropic free surface atmosphere. Monthly Weather Rev. **102** (1974), 181.

DALEY, R.: Variational non-linear normal mode initialization. Tellus **30** (1978), 201—218.

DALEY, R.: The Application of Non-Linear Normal Mode Initialization to an Operational Forecast Model. Atmosphere-Ocean **17** (1979), 97—124.

DALEY, R.: The Development of Efficient Time Integration Schemes Using Model Normal Modes. Monthly Weather Rev. **108** (1980a), 100—110.

DALEY, R.: On the Optimal Specification of the Initial State for Deterministic Forecasting. Monthly Weather Rev. **108** (1980b), 1719—1735.

DALEY, R.: The Normal Mode Approach to the Initialization Problem. Aus: Dynamic Meteorology: Data Assimilation Methods, Springer-Verlag, New York—Heidelberg—Berlin 1981, 77—109.

DALEY, R., PURI, K.: Four-Dimensional Data Assimilation and the Slow Manifold. Monthly Weather Rev. **108** (1980), 85—99.

DIKIJ, L. A.: Atmosfera semli kak kolebatel'naja sistema. Fiz. Atm. i Okeana **1** (1965), 469—489.

ERTEL, H.: Die Unmöglichkeit einer exakten Wetterprognose auf Grund synoptischer Luftdruckkarten von Teilgebieten der Erde. Meteorol. Z. **58** (1941), 309—313.

FLATTERY, T. W.: Spectral models for global analysis and forecasting. Proc. Sixth AWS Technical Exchange Conf., US. Naval Academy, Air Weather Service Techn. Rep. 242 (1971), 42—53.

HERZOG, H.-J., MEYER, A.: A conception of normal mode expansion procedure applied to a limited-area model. Part I: The derivation of dynamic equations in normal mode form. Z. Meteor. **32** (1982a) 5, 287—294.

HERZOG, H.-J., Meyer, A.: A conception of normal mode expansion procedure applied to a limited-area model. Part II: Linear aspects. Z. Meteor. **33** (1983a) 1, 2—5.

HERZOG, H.-J., MEYER, A.: A conception of normal mode expansion procedure applied to a limited-area model. Part III: Derivation and theoretical discussion of a nonlinear approach. Z. Meteor. **33** (1983b) 1, 6—11.

HERZOG, H.-J., MEYER, A.: Die Anwendung der nichtlinearen Normalmodentechnik auf ein Nestmodell mit zeitvariablen seitlichen Rändern). (wird zur Veröff. vorbereitet) (1982b)

KASAHARA, A.: Normal modes of ultralong waves in the atmosphere. Monthly Weather Rev. **104** (1976), 669—690.

KASAHARA, A.: Numerical Integration of the global barotropic primitive equations with Hough harmonic expansions. J. Atmosph. Sci. **34** (1977), 687—701.

Kasahara, A.: Further studies on a spectral model of the global barotropic primitive equations with Hough harmonic expansions. J. Atmosph. Sci. **35** (1978), 2043—2051.

Leith, C. E.: Nonlinear Normal Mode Initialization and Quasi-Geostrophic Theory. J. Atmosph. Sci. **37** (1980), 958—968.

Longuet-Higgins, M. S.: The eigenfunctions of Laplace's tidal equations over a sphere. Phil. Trans. Roy. Soc. London, A 262 (1968), 511—607.

Machenhauer, B.: On the Dynamics of Gravity Oscillations in a Shallow Water Mode, with Applications to Normal Mode Initialization. Beitr. Phys. Atmosph. **50** (1977), 253—271.

Phillips, N.: Treatment of Normal and Abnormal Modes. Monthly Weather Rev. **109** (1981a), 1117—1119.

Phillips, N.: Variational Analysis and the Slow Manifold. Monthly Weather Rev. **109** (1981b), 2415—2426.

Siebert, M.: Atmosferic tides. Advances in Geophysics, Vol. 7, Academic Press 1961, 105—181.

Temperton, C., Williamson, D. L.: Normal Mode Initialization for a Multi-Level Gridpoint Model. Part I: Linear Aspects. Monthly Weather Rev. **109** (1981), 729—743.

Tribbia, J. J.: On Variational Normal Mode Initialization. Monthly Weather Rev. **110** (1982), 455—470.

Wergen, W.: Nonlinear Normal Mode Initialization of a Multi-Level Fine-Mesh Model with Steep Orography. Beitr. Phys. Atmosph. **54** (1981), 389—402.

Williamson, D. L., Temperton, C.: Normal Mode Initialization for a Multi-Level Gridpoint Model. ECMWF Technical Report No. 11 (1979), 90 S.

Williamson, D. L., Temperton, C.: Normal Mode Initialization for a Multi-Level Gridpoint Model. Part II: Nonlinear Aspects. Monthly Weather Rev. **109** (1981), 744—757.

Über einige Eigenschaften der Atmosphäre und die Bedeutung für ihre Dynamik

von W. Böhme

Mein Diskussionsbeitrag bezieht sich auf zwei offensichtliche Eigenschaften der Atmosphäre, aus denen in relativ elementarer Weise Schlußfolgerungen für die atmosphärische Dynamik gezogen werden können, die bei globalen wie regionalen und subregionalen Vorgängen eine stärkere Beachtung verdienen. Es handelt sich bei den erwähnten offensichtlichen Eigenschaften 1. um die Nichtlinearität der atmosphärischen Vorgänge, und 2. um die Begrenztheit der Erdatmosphäre.

Zu 1.:
Schon die Bewegungsgleichung weist aus, daß das Verhalten der Atmosphäre nicht linear ist. Infolge der fast allgegenwärtigen Turbulenz ist das Verhalten auch in starkem Maße dissipativ. Solche Systeme haben in der Regel — unter bestimmten Voraussetzungen, die ebenfalls erfüllt sind — die Fähigkeit zur Selbstorganisation, zur Herausbildung hierarchischer Strukturen. Wer darüber mehr nachlesen möchte, findet eine gute Übersicht in einem jüngst erschienenen Buch von Ebeling, der in der DDR Wesentliches zu diesem Problemkreis beigetragen hat. Formen der Selbstorganisation und der hierarchischen Strukturen treten tatsächlich in der Erdatmosphäre auf. Sie sind auch schon seit langem bekannt. Der einfachste Fall ist der Fall der Zirkulation in Form von Benardzellen, wie wir sie bei Altocumulus (Schäfchenwolken) und auf den Wolkensatellitenbildern als offene bzw. geschlossene Zirkulationszellen finden. Viele weitere Fakten des Verhaltens der Erdatmosphäre können dieser Fähigkeit zur Selbstorganisation zugeordnet werden. Im folgenden nur zwei weitere Beispiele.

1. Das eine Beispiel betrifft die Wirksamkeit des Prinzips der Verschärfung der Gegensätze auf kleinem Raum, was schließlich zur Ausbildung von Fronten und Strahlströmen führt. Hierbei spielt z. B. eine Rolle, daß großräumige Turbulenzelemente extrem anisotrop sein können und dadurch Eigenschaftsströme hervorrufen, die gegen den mittleren Gradienten der Eigenschaft gerichtet sind. Eine solche Verschärfung der Gegensätze kann auch hervorgerufen werden durch räumliche Unterschiede in der Stärke des Austauschs. Ein Beispiel hierzu ist von mir bei der Untersuchung der Deutung der Effekte der sogenannten Null-Schicht in der oberen Troposphäre vor mehr als 20 Jahren gebracht worden. Hier eine weitere Realisierungsmöglichkeit für dieses Prinzip. Abb. 1 zeigt im ersten Teilbild die Verteilung der mittleren Temperatur zwischen Äquator und dem Pol.

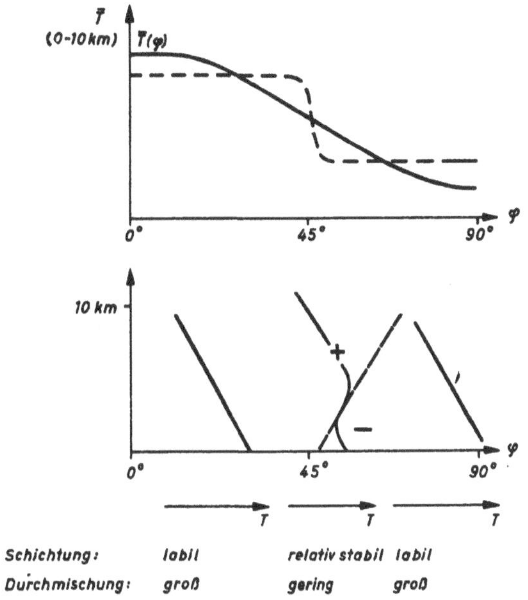

Abb. 1. Verteilung der mittleren Temperatur zwischen Äquator und Pol (oberes Diagramm) und Durchmischungsverhältnisse (unteres Diagramm)

Wenn man außerdem beachtet, daß sich warme Luft bevorzugt über kalte Luft hinwegschiebt, wofür die Bedingungen grundsätzlich in den mittleren Breiten am günstigsten sind, so sind dem vertikalen Austausch und dem hiermit auch zusammenhängenden horizontalen Austausch in den Tropen und vielleicht auch den Subtropen ebenso wie im Polargebiet geringere Grenzen gesetzt als in dem Überschiebungsgebiet. Die Tendenz, die horizontalen Temperaturgegensätze bei stärkerem Austausch auszugleichen, führt dann zwangsläufig zur Verschärfung der Gegensätze in Bereichen, wo der Austausch schwächer ist, also in den mittleren Breiten. Diese Verschärfung geht aber nicht ad infinitum weiter, da durch diese Verschärfung auch die Windstärken ansteigen, bis genügend kinetische Energie für eine Verwirbelung der Grenzen vorhanden ist.

2. Ein zweites Beispiel: Ein anderer Fakt, der als Zeichen der Selbstorganisation verstanden werden kann, ist die Bildung von für beschränkte Zeit lebensfähigen Individuen. Hierzu gehören die üblichen Hoch- und Tiefdruckgebiete und besonders klar solche Erscheinungen wie Windhosen, Tornados, tropische Wirbelstürme, einzelne Gewitterzellen und Anhäufungen

von Gewitterzellen und noch vieles mehr. Der Prozeß der Selbstorganisation (im Sinne der Schaffung einer höheren Ordnung) impliziert im übrigen, daß das betreffende System, in dem die Selbstorganisation stattfindet, mehr Entropie nach außen abführt als im Inneren gebildet wird. Solche Systeme können den geometrischen Raum, aber auch andere abstrakte Räume, wie z. B. den Frequenzraum (Phasenraum), einnehmen. Da Instabilitäten bei der Selbstorganisation eine große Rolle spielen, dürfte die Untersuchung des Entropieverhaltens im Zusammenhang mit den vielfältigen Arten von Instabilität in der Atmosphäre sehr wesentlich für eine Einschätzung, welche Instabilitäten mit wesentlichen Selbstorganisationsvorgängen verbunden sind, spielen.

Zu 2.:

Die Begrenztheit der Atmosphäre führt dazu, daß sie zu Eigenschwingungen fähig ist, etwa so, wie erst eine beiderseits festgehaltene Seite zu Eigenschwingungen angeregt werden kann. Im Rahmen der Gezeitentheorie sind diese Eigenschwingungen schon seit langem bekannt und auch recht gut überschaubar. Der Name des österreichischen Meteorologen Margules aus dem Beginn unseres Jahrhunderts mag hier für viele stehen. Aber auch für viel kompliziertere Strömungsvorgänge scheint es solche Eigenschwingungen zu geben. Dabei ist die Möglichkeit nicht auszuschließen, daß die Erdatmosphäre bei gleichem Gesamtenergiegehalt und fast gleichen äußeren Anregungsbedingungen verschiedener Zustände fähig ist. Daran schließen Überlegungen an, daß sich auch Klimazustände recht abrupt ändern können. Dann könnte eine Temperaturreihe, z. B. der Januarmitteltemperatur von Mitteleuropa oder auch der Wintertemperatur, nicht als Schwankung um einen langjährigen Mittelwert zu verstehen sein, sondern man müßte sie als eine Schwankung um verschiedene, aufeinanderfolgende Mittelwerte für begrenzte Perioden, in denen die atmosphärische Zirkulation verschiedene Zustände einnimmt, ansehen. Solche Vorstellungen wurden für Nordamerika (u. a. von Namias) entwickelt. Ähnliches läßt sich auch für Mitteleuropa an der langen Temperaturreihe, der Baurschen Temperaturreihe, demonstrieren. Die Zuordnung ist im übrigen relativ zwanglos durchzuführen. Die Hypothese wird dadurch unterstützt, daß die an sich relativ komplizierten Schwankungen vielfach symmetrisch zur Mitte der entsprechenden Periode sind. Die senkrechten gestrichelten Pfeile auf Abb. 2 zeigen die Mitten der entsprechenden Perioden an. Selbstverständlich sind die Symmetrien nicht perfekt. Besonders schön kommt sie um das Jahr 1943/1944 heraus. Sie überdeckt die zu kalten Winter von 1939/40 bis 1946/47. Auch über den eigentlichen Gültigkeitszeitraum für das jeweilige Temperaturmittel sind die Symmetrien vielfach verfolgbar.

Die prognostische Verwendung wird allerdings dadurch erschwert, daß, wie es auch bei den sicher nachgewiesenen Symmetrien in den Jahresgängen — dazu haben auch Schweriner Kollegen des Meteorologischen Dienstes einen Beitrag geleistet — der Fall ist, der Symmetriepunkt erst nach Verstreichen einiger Zeit festgestellt werden kann und es dann unsicher ist, wie lange die Symmetrie noch anhält. Im übrigen scheint die warme Periode in den Januarmonaten, die von 1972 bis 1978 anhielt, seit 1979 beendet zu sein und einer Periode Platz gemacht zu haben, bei der die Mitteltemperaturen nah oder schwach unter dem Mittelwert liegen und durch relativ geringe Schwankungen ausgezeichnet sind, wie es etwa im Zeitraum von 1965 bis 1977 der Fall gewesen ist. Eine sorgfältige Untersuchung könnte hier gewisse Möglichkeiten für längerfristige Tendenzaussagen eröffnen, die man in die Kategorie der Klimavorhersagen einordnen müßte.

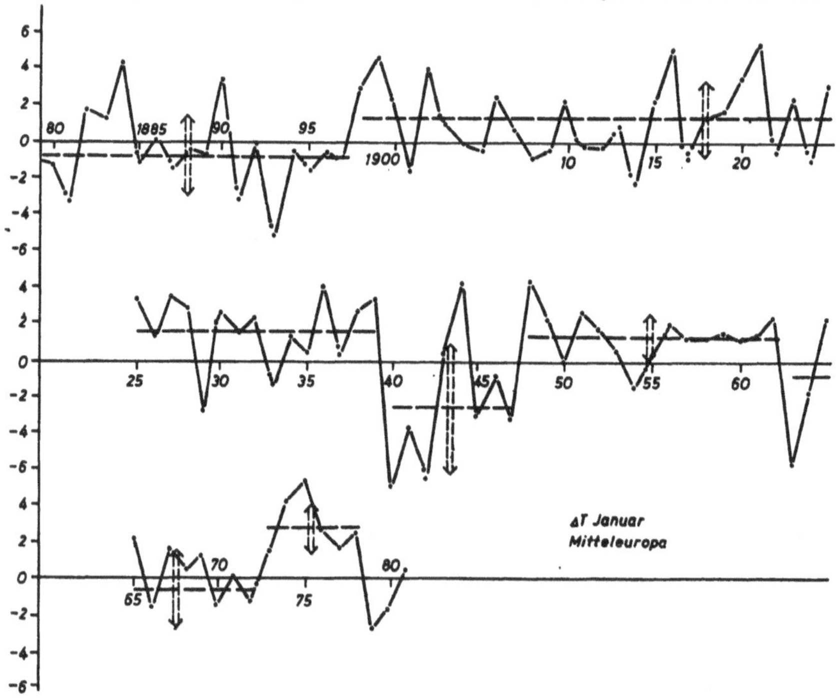

Abb. 2. Januarmitteltemperatur Mitteleuropas

Zur Durchsetzung des Neuen bei gleichzeitiger Bewahrung wertvoller Erfahrungen in der Praxis der operativen wetterdienstlichen Arbeit

von G. Blume

Die Praxis der operativen wetterdienstlichen Arbeit besteht in

- der (schnellst möglichen, für verschiedene Vorhersagezeiträume differenzierten und entsprechend räumlich detaillierten) *Diagnose des Zustandes der Atmosphäre* (wichtigste Parameter und Niveaus),
- der (früher nur subjektiven, zunehmend objektiven) *Anwendung* der für den Ablauf der atmosphärischen Prozesse bekannten *Gesetzmäßigkeiten*,
- der *Erarbeitung und Ausgabe* der aufgrund subjektiver Erfahrungen/Kenntnisse und objektiver Modelle abgeleiteten/interpretierten *Vorhersagen* für bestimmte Parameter, Gebiete und Zeitabschnitte,
- der *Nutzung der* für die o. g. Aufgaben (nicht gleichzeitig immer im erforderlichen Umfang) *zur Verfügung stehenden Technik.*

Die „wetterdienstliche Arbeit“ hat im Laufe ihres Bestehens einen erheblichen Wandel erfahren, ganz besonders, was den Umfang anbetrifft. Den Anfang dieser Art von Tätigkeit verdanken wir bekannterweise H. W. Brandes, der in den Jahren von 1816 bis 1826 Beobachtungsergebnisse von ca. 30 Klimastationen Europas in Karten einzeichnete, um erstmals die Wettersituation einzelner Tage nachträglich in einer Felddarstellung zu erfassen im Gegensatz zu der bis zu diesem Zeitpunkt üblichen klimatologischen Betrachtungsweise.

In diesem Zusammenhang wurde der Begriff „Synoptik“ für das gleichzeitig mögliche Betrachten, die „Zusammenschau“ verschiedener meteorologischer Elemente an verschiedenen Beobachtungsorten geprägt. Statt Zusammenschau sollte man heute besser die „umfassende Kombination einer bestimmten Anzahl von Informationen“ sagen.

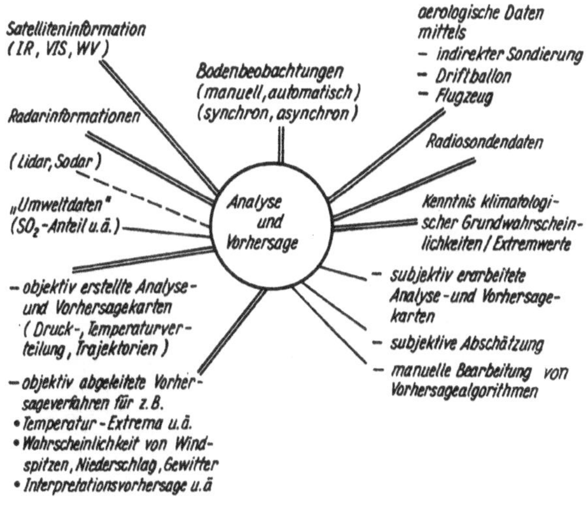

Abb. 1. Wichtige Komponenten zur Analyse und Vorhersage

In den vergangenen Jahrzehnten ist zu den ursprünglich nur vorhandenen Beobachtungsergebnissen von Bodenstationen zunächst allmählich, in den letzten drei Jahrzehnten fast lawinenartig verstärkt, eine Vielzahl von weiteren Meß- und Beobachtungsdaten hinzugekommen (vgl. Abb. 1).

Mit Einführung der modernen Rechentechnik wurde der operativen Analyse- und Vorhersagetätigkeit eine Fülle neuer Unterlagen zur Verfügung gestellt. Dabei erfolgte gleichzeitig eine zunehmende Objektivierung in der operativen wetterdienstlichen Arbeit. Dies führte z. T. bekanntlich zu einem Überangebot an Beratungsunterlagen für den Vorhersagemeteorologen und zur Prägung des Begriffes „meteorological cancer“.

Die Flut der Informationen für die operative wetterdienstliche Arbeit erfordert naturgemäß eine sinnvolle Trennung bzgl. der räumlichen und zeitlichen Auflösung der Vorhersage, andererseits auch eine notwendige Überlappung. Die Flut von Einzelinformationen erfordert aber auch, um in der Praxis überschaubar zu bleiben bzw. zu werden, eine entsprechende Verdichtung derselben. Bekanntlich ist die Aufnahme von Einzelinformationen subjektiv unterschiedlich, grundsätzlich für bestimmte Zeitabschnitte begrenzt.

Der Begriff „Synoptik“ als Zusammenschau kommt eigentlich erst heute seinem Wesen nach voll zur Geltung. In der Praxis der operativen wetterdienstlichen Arbeit müßte man noch den Begriff der kritischen Bewertung und aktuellen Prüfung der Analyse- und Vorhersageunterlagen aufführen. Das betrifft in erster Linie kleinräumige und in der Atmosphäre kurzzeitig ablaufende Prozesse, die in Modellen z. T. noch nicht oder nur ungenügend erfaßt werden können. Im gleichen Zusammenhang stehen die Fragen der manuellen und maschinellen Analyse, der Meßgenauigkeit und einer daraus resultierenden Glättung meteorologischer Feldverteilungen. Die Forderungen aus der Praxis der operativen wetterdienstlichen Arbeit richten sich bei der Einführung neuer Verfahren oder Beratungsunterlagen darauf, daß diese den bisherigen Informationen entsprechend dem Raum-Zeit-Scale in einer höheren Auflösung und/oder rechtzeitiger sowie havariesicher zur Verfügung stehen.

Bevorzugt wird darauf orientiert, daß eine feldmäßige

Bereitstellung von komplexen (kombinierten) Zustandsgrößen und Parametern für die Analyse und Prognose variabel über Bildschirm und/oder Kartenausdruck stattfindet. Bestätigt hat sich in der Vergangenheit, daß eine Verbesserung der Analyse- und Vorhersagetätigkeit erreicht wird, wenn neuartige Analyse- und Vorhersageunterlagen (z. B. auch statistische) in einer sinnvollen z. T. gewichteten Kombination mit anderen Unterlagen (sog. „konventionellen") in der operativen wetterdienstlichen Arbeit zur Verfügung gestellt werden.

Die bildliche Darstellung der Veränderung der Bewölkungsverteilung innerhalb eines variablen Zeitintervalls mittels der Densitrontechnik, die Mischung von Bildinformationen verschiedener Spektralbereiche zur Gewinnung von Angaben über die Niederschlagsverteilung kombiniert mit Radardaten und konventionellen Niederschlagsbeobachtungen bzgl. der Niederschlagsverteilung und -intensität sowie mit anderen Arbeitsunterlagen (Verteilung der Gewitterwahrscheinlichkeit, Vertikalbewegung) in der operativen wetterdienstlichen Tätigkeit bietet hierfür ein ausgezeichnetes Beispiel, um diesen Forderungen zu entsprechen. Damit werden wertvolle Erfahrungen der „Synoptik" (verknüpft mit der universellen menschlichen Denk- und Betrachtungsweise) bewahrt und mit den Mitteln der modernen Technik sinnvoll weiterentwickelt.

Gegenwärtige Grenzen der Vorhersagbarkeit und Gibt es einen Trend der Prognosengüte?

von K. BALZER

100 Jahre Erfahrungen in der praktischen Wettervorhersage und physikalisch-mathematische, philosophische Theorien einer begrenzten, dialektischen Determiniertheit in der Bewegung realer Systeme bestärken uns immer mehr in der Vorstellung, daß neben subjektiven Ursachen auch objektive Gründe für eine *endliche* Vorhersagbarkeit meteorologischer Ereignisse (z. B. Niederschlag) und Zustände (z. B. Temperatur) existieren. Bezeichnen wir die gegenwärtige, praktische Grenze der Vorhersagbarkeit mit GG, die objektive dagegen mit OG, so muß man feststellen, daß wir z. Zt. nichts Verläßliches über OG und damit auch nicht über den praktisch und wissenschaftsstrategisch so wichtigen Abstand OG—GG aussagen können. Es läßt sich aber wohl qualitativ vermuten, daß OG—GG in *den* Bereichen meteorologischer Vorhersagetätigkeit mit maximaler Summe aller bisher aufgewandten wissenschaftlich-technischen Anstrengung, nämlich im synoptic scale, sehr viel kleiner sein wird als in den übrigen; GARP und die Nowcasting-Diskussion (Wettervorhersage bis zu 2 Stunden) sind bezeichnende Versuche des Aufholens, d. h. der Verringerung der Distanz OG—GG.

Die theoretischen und praktischen Schwierigkeiten bei der Bestimmung von OG (auch eine Aufgabe von GARP!) sollen uns aber nicht davon abhalten, auf dem Wege einer kontinuierlichen Verifikation traditioneller und neuartiger, in Wahrscheinlichkeitsform ausgedrückter Wettervorhersagen bestimmte Anhaltspunkte über die gegenwärtige, reale Vorhersagbarkeit ausgewählter meteorologischer Erscheinungen zu gewinnen.

1. Gegenwärtige Grenze der Vorhersagbarkeit binärer Niederschlagsereignisse bei alternativen Prognosen

Stichprobe: (meist) April 1980 bis März 1982; operative Finalprognosen der Zentralen Wetterdienststelle Potsdam in Wahrscheinlichkeitsform, wobei das Ereignis E = Niederschlag $\geqq RR/\Delta t$ bei einer zeitlichen Vorhersagedistanz x; RR in mm ist der Trennwert des binären Niederschlagsereignisses, Δt stellt den Niederschlagssummierungszeitraum dar.

Verifikationsort: Potsdam (09379)

Verifikationsmaß: Threat-Score TS

Die original in Wahrscheinlichkeitsform vorliegende Niederschlagsprognose wurde für die Zwecke dieser Untersuchung nachträglich so 0,1-kategorisiert, daß h (Prognose „1“) = $h(E)$; h = relative Häufigkeit; d. h., die relative Häufigkeit von „ja“-Prognosen entspricht der relativen Häufigkeit des Auftretens von E.

RR, Δt und x sind variabel! Die Anzahl der Kombinationen verschiedener RR, Δt und x betrug 23.

Die gegenwärtige Grenze der Vorhersagbarkeit — so die These! — hängt von RR, Δt und x ab. Da $p(E)$, die klimatologische Grundwahrscheinlichkeit des Ereignisses E, gesetzmäßig von Δt und RR bestimmt wird, was hier nicht gezeigt werden soll, kann TS (in %) in anschaulicher Weise auch als $f(p(E), x)$ dargestellt werden (Abb. 1).

Fazit: Die Güte TS der Vorhersage eines Niederschlagsereignisses E hängt, außer von der zeitlichen Vorhersagedistanz x, entscheidend von der klimatologischen Grundwahrscheinlichkeit $p(E)$, und damit von RR *und* Δt ab. Je kleiner $p(E)$, um so geringer die Prognosegüte TS.

Definiert man als ‚Grenze der Vorhersagbarkeit‘ den geometrischen Ort in Abb. 1, wo gilt: TS (Vorhersage) $= TS$ (‚Klima-Vorhersage‘) $= p/(2-p)$, so fällt u. a. auf:

a) Relativ gute Vorhersageleistung im Mittelfristbereich ($x > 80$ Std.), *sofern* $p(E) > 50\%$ (z. B. $RR = 0.0$, $\Delta t = 24$ Stunden $\rightarrow p(E) = 62\%$)
b) Vergleichsweise rasches Nachlassen der Vorhersageleistung im Kurzfristbereich ($x < 48$ Stunden), *sofern* $p(E) < 10\%$ (z. B. 5 mm/12 Stunden $\rightarrow p(E) = 5{,}1\%$ oder 10 mm/24 Stunden $\rightarrow p(E) = 3{,}8\%$). Werden

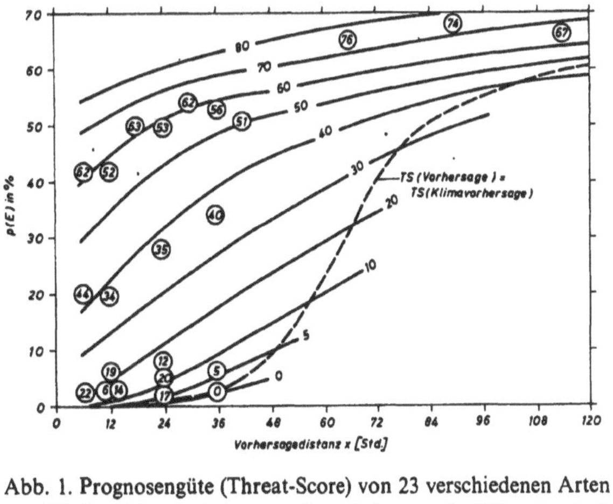

Abb. 1. Prognosengüte (Threat-Score) von 23 verschiedenen Arten von Niederschlagsvorhersagen, die sich in x und $p(E)$ unterscheiden. Abschätzung der gegenwärtigen praktischen Grenze der Vorhersagbarkeit (gestrichelte Linie).

noch größere Schwellenwerte *RR* und/oder noch kleinere Bezugszeiträume Δt relevant, wie es mit $p(E)$ < 0,8%, z. T. <0,02%, beim offiziellen meteorologischen Warnungssystem der Fall ist, so schwindet beim *gegenwärtigen* Kenntnis- und technischen Ausrüstungsstand des operativen Wetterdienstes jede Aussicht, solche katastrophalen, extremen Niederschlagsereignisse *vor* Beginn des möglicherweise zu *E* führenden Niederschlagsprozesses zu prognostizieren, allenfalls wird in manchen Fällen ‚nur' eine ‚operative Nachführung' des Beobachtungs- und Entscheidungsvorganges möglich sein.

2. Zum Trend der Güte von subjektiven und objektiven Wahrscheinlichkeitsprognosen binärer Niederschlagsereignisse

Stichprobe: Oktober 1977 bis September 1982, ZWD Potsdam
Verifikationsort: Potsdam
Verifikationsmaß: rmse (root mean square error)
RR = const. = 0.0 mm; Δt = const. = 12 Stunden; x = 19, 31, 43 Stunden (rmse getrennt berechnet, dann gemittelt)
Subjektive Wahrscheinlichkeitsaussage: SYN = Synoptiker, Meteorologe vom Dienst
Objektive Wahrscheinlichkeitsaussage: AF = operative statistische Interpretationsvorhersage nach dem Analogieprinzip mit einer um 8 Stunden früheren(!) Prognosenausgabezeit.

Laut Tab. 1 (a) wäre, sowohl bei SYN als auch bei AF, ein kräftiger, hochsignifikanter Aufwärtstrend in der Prognosengüte nachgewiesen, denn rund 50 bis 80% der y-Variabilität lassen sich allein durch den Zeittrend z erklären — wenn da nicht gewisse Zweifel wären!

Jeder Synoptiker weiß, daß in Zeiten geringerer Niederschlagshäufigkeit $h(E)$ oder/und bei größerer zeitlicher Persistenz von *E* die Prognosen leichter und genauer (rmse kleiner!) sind und umgekehrt.

Zur Charakterisierung des Persistenzverhaltens von *E* in jedem der 10 Halbjahre wurde rmse (EN12) bestimmt, d. h. die Fehlergröße *rmse* von Persistenzprognosen (x = const. = 12 Stunden), die nur die Werte 1 oder 0 annehmen, je nachdem, ob im unmittelbar vorangegangenen 12-Stunden-Zeitraum *E* auftrat oder nicht.

Während des untersuchten Zeitraums 1977—1982 korrelieren nun $h(E)$ *und* rmse (EN12) verhältnismäßig stark sowohl mit der Zeit als auch — was entscheidend ist und in Tab. 1(b) angeführt wird — mit dem Fehler der echten Vorhersage. rmse (EN12) schwankt zwischen 0,470 und 0,592; es nimmt im Durchschnitt ab, d. h. die Persistenz hat — bei gleichzeitiger Abnahme der Niederschlagshäufigkeit $h(E)$ — zugenommen! (Wird in Tab. 1(b) als z der Prediktor $h(E)$ gewählt, so ergeben sich nur *RV*-Werte von ca. 20%). Es erweist sich demnach, daß 77% der rmse (SYN)-Variabilität allein durch das veränderliche Persistenzverhalten des Niederschlags *E* bestimmt werden, während die Güte der automatischen Vorhersage AF wesentlich geringer vom wechselnden Witterungscharakter einer Saison beeinflußt wird (*RV* nur 36%).

Eliminiert man nun den nachgewiesenen Einfluß des unterschiedlichen Witterungstypus an den originalen Daten der Prognosengenauigkeit rmse und korreliert die dann verbleibende Differenz mit der Zeit z, so erhält man folgendes Ergebnis: s. Tab. 1(c). Die in Klammern gesetzten Korrelationskoeffizienten sind die verteilungsfreien Rangkorrelationskoeffizienten nach Spearman.

Fazit:

a) Nur die statistische Methode der Niederschlagsvorhersage mittels objektiver Interpretation dynamischer Prognosenmodelle weist einen signifikant positiven Trend der Prognosengüte auf (Ursache: Kontinuierliche Verbesserung des dynamischen Prognosemodells der ZWD).
b) In Abb. 2 sind die Anteile des ‚Trends' und der ‚Zeitstruktur' an der *Gesamtvarianz* des Prognosenfehlers rmse dargestellt. Es zeigt sich, daß der scheinbare positive Trend in den synoptischen Niederschlagsvorhersagen fast vollständig durch das unterschiedliche

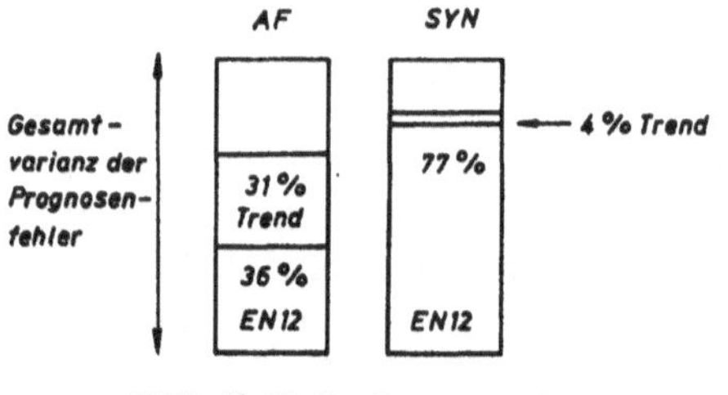

Abb. 2. Anteile des unterschiedlichen Persistenzverhaltens von Niederschlag (EN 12) und des ‚Lerneffektes' (Trend) an der Gesamtvarianz der Prognosenfehler.

Tab. 1. Lineare Regressionen $y = bz + c$

			r	$RV = r^2$	b	c
a	z = 1 ... 10 Halbjahre	SYN	—.69	48%	—.00694	.474
	y = halbjährliche rmse-Werte	AF	—.89	79%	—.00608	.493
b	z = halbjährliche rmse (EN12)	SYN	+.88	77%	.00068	.078
	y = halbjährliche rmse-Werte	AF	+.60	36%	.00031	.294
c	z = 1 ... 10 Halbjahre	SYN	—.43 (—.49)	19%	—.00205	.0088
	y = transformierte rmse	AF	—.70 (—.78)	49%	—.00383	.0225

Persistenzverhalten des Niederschlagsereignisses E bedingt wurde, während der eigentliche Trend (‚Lerneffekt') praktisch unbedeutend ist.

c) Vor der Ableitung von Aussagen zum Trend des ‚state of the art' sind externe Störvariable tunlichst zu eliminieren.

3. Trend und Vorhersagbarkeit täglicher Temperaturextreme

Stichprobe: Oktober 1970 bis März 1982; operative Kurz- und Mittelfristvorhersagen der ZWD Potsdam

Verifikationsort: Potsdam

Verifikationsmaß: $RV = (k^2 - p^2)/k^2$, p = rmse der ‚echten' Prognosen; k = rmse der ‚Klimaprognosen' (= vieljährige, ausgeglichene tägliche Mittelwerte der Minimum- und Maximumtemperatur MIN, MAX)

RV normiert sozusagen den Prognosefehler an der Temperaturanomalie der wirklichen Temperatur zum klimatologischen Erwartungswert. Je größer diese Anomalie, um so größer ist k. Ein Einfluß von k auf p ist nachweisbar, aber mit $r^2 = 11\%$ relativ gering; er wird im folgenden nicht eliminiert. RV wurde für 12 Winter- und 11 Sommerhalbjahre, für MIN und MAX und für jedes $x = 1 \dots 4$ Tage im voraus getrennt berechnet (16 Teilkollektive) und einer linearen Ausgleichung (Regression) bezüglich $z = 1 \dots 11$ bzw. 12 Halbjahre unterworfen; s. Abb. 3.

Aus jeder der 16 Regressionsgeraden wurden dann bei $z = 0$ (entspricht ca. dem Jahr 1970) und $z = 10$ (1980) die ausgeglichenen RV-Werte entnommen und danach über Sommer- und Winterhalbjahr, MIN und MAX gemittelt. Größere Unterschiede zwischen MIN und MAX hinsichtlich RV traten nicht auf. Diese mittleren RV-Werte wurden, getrennt für jedes x, in Abb. 4 dargestellt.

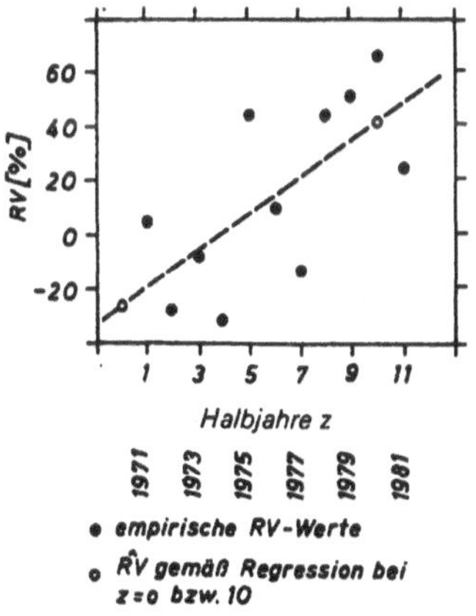

Abb. 3. Aufwärtstrend der Prognosengüte RV bei der Vorhersage der Maximumtemperatur in Potsdam (Sommerhalbjahr 1971 bis 1981) für 4 Tage im voraus.

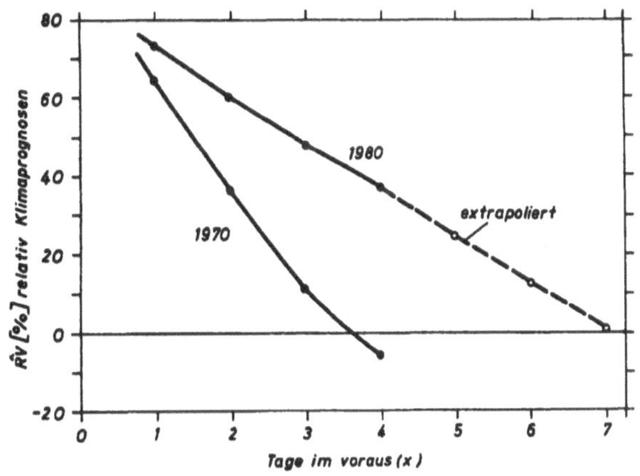

Abb. 4. Trend und (mittlere) Grenze der Vorhersagbarkeit täglicher Temperaturextreme für Potsdam.

Fazit:

a) Definiert man mit $RV = 0$ die praktische Grenze der Vorhersagbarkeit — wenn $RV < 0$, so sind Klimaprognosen gemäß rmse genauer als ‚echte' Prognosen —, so lag sie 1970 bei etwa 3,5 Tagen, 1980 dagegen bei 7 Tagen. Innerhalb von 10 Jahren gelang demnach eine *Verdopplung* der realen zeitlichen Vorhersagbarkeit lokaler, täglicher MIN-, MAX-Temperaturen.

b) Während die Güte RV der *Mittelfrist*prognosen beträchtlich gesteigert werden konnte, hält sich die Verbesserung im Kurzfristbereich (z = 1 Tag im voraus, Abb. 4) in bescheidenen Grenzen.

c) Nach unserer Einschätzung liegen die *Ursachen* dieser insgesamt erfreulichen und ermutigenden Entwicklung vor allem in der
   - Verbesserung der Qualität numerischer mittelfristiger Prognosemodelle, insbesondere des RMC Offenbach, welche vorrangig genutzt wurden,
   - Verbesserung der Methoden der subjektiven (‚man') und objektiven (‚machine') Interpretation obiger Prognosemodelle,
   - verbesserten Fähigkeit zu einer subjektiven, d. h. noch nicht algorithmisierten *Kombination* (‚man-machine-mix') der in der Regel unterschiedlichen Interpretationsergebnisse.

Anmerkung: Es wäre aufschlußreich, zu prüfen, ob und in welcher Weise die halbjährlichen RV-Werte von der Zeitstruktur (mit $\Delta t = 1, 2, \dots$ Tagen) der MIN-, MAX-Temperaturen desselben Halbjahres beeinflußt werden.

Zusammenfassung der Diskussion zum Thema „Dynamische Meteorologie — Operative Wettervorhersage"

von J. KLUGE

Die vom Auditorium und den Vortragenden als Rundtischgespräch geführte, zeitlich leider sehr begrenzte Diskussion erbrachte folgende Aussagen:

1. Es ist sehr wahrscheinlich, daß die empirisch feststellbare Abhängigkeit der Vorhersagbarkeit von der Ausgangssituation nicht nur in Modelldefekten begründet ist. Es gibt auch objektive Gründe. Sie treten uns u. a. entgegen als bestimmte Formen der Scalewechselbeziehung in der turbulenten Atmosphäre. Für großskalige Bewegungen werden die Vorstellungen der zweidimensionalen Turbulenz, für kleinerskalige Bewegungen die der dreidimensionalen Turbulenz zur Erklärung herangezogen. Eine scalekomplette Formulierung der atmosphärischen Turbulenz ist noch nicht genügend ausgearbeitet. Es entsteht die Notwendigkeit, neben der Prognose der Zustandsgrößen auch deren Vorhersagbarkeit situationsgebunden zu prognostizieren, d. h. die Prognose als Wahrscheinlichkeitsaussage zu bestimmen. Für eine Reihe statistischer Vorhersageverfahren (auch bei dem im MD eingesetzten) ist diese Forderung erfüllt — es wird eine situationsabhängige Wahrscheinlichkeitsverteilung näherungsweise angegeben. Für dynamische Modelle ist gegenwärtig nur die Methode der bedingten Verifikation praktisch gangbar, obwohl mit dynamisch-stochastischen Modellen und bestimmten Anwendungen der Schätztheorie (s. GHIL, 1981) neue Wege eröffnet werden.
2. Die Entdeckung, daß die Atmosphäre verschiedene Grundzustände (Regimes) einnehmen kann, deren Wechsel offenbar bei relativ kleineren Änderungen bestimmter Bedingungen eintritt, ist von sehr weitreichender Bedeutung. Das Verhalten der Atmosphäre ähnelt Kippschwingungen. In der Atmosphäre gibt es Vorgänge, die als Lösungsverzweigung (Bifurkation) gedeutet werden können. Diese Phänomene wurzeln in der intensiven und vielgestaltigen Wechselwirkung der atmosphärischen Prozesse, die sich in den Gleichungen als Nichtlinearität widerspiegelt. Die genannten Regimes scheint es für verschiedene zeitliche Maßstäbe zu geben, nicht nur für den Klimamaßstab, sondern auch für die jahreszeitlichen Schwankungen und für den Mittelfristbereich. Diese Eigenschaft der Atmosphäre kann wichtig sein für die Erklärung beispielsweise des diesjährigen trockenen Sommers mit seinem abnormen Verhalten der Fronten über Mitteleuropa. Eine Blockierungssituation könnte als ein solches Regime im Mittelfristbereich gedeutet werden.
3. Bei den Anforderungen an Beobachtungssysteme (z. B. hinsichtlich der Genauigkeit) sollte der Bezug zum abzubildenden Maßstab deutlicher gemacht werden, da die früher selbstverständliche Orientierung auf den Makro-β-Bereich (synoptische Prozesse) mit dem Übergang zu neuen Scalebereichen nicht mehr gegeben ist.
4. Der Informationswert satellitengebundener Fernsondierungen der Temperatur für die Analyse und Prognose ist keine absolute, sondern eine relative Größe. Überall dort und nur dort, wo der Eigenfehler der Satellitensondierungen kleiner ist als der Fehler einer ohne Satellitendaten ausgeführten Analyse, ist ein positiver Informationswert zu verzeichnen. So zeigt sich beispielsweise bei Vorhandensein der Wetterschiffe R und L bei einer 24stündigen numerischen Geopotentialprognose kein wesentlicher Einfluß der westlich gelegenen Satelliteninformation auf Mitteleuropa, dieser Einfluß wird merklich, wenn die genannten Wetterschiffe fehlen.
5. In Grobgittermodellen zur kurzfristigen Vorhersage von Makro-β-Prozessen zeigte die Einbeziehung der Strahlung eine geringe Wirkung. Diese Lage ändert sich wesentlich mit dem Übergang zu den neuen Scalebereichen Meso und Makro α. In Mittelfristvorhersagemodellen ist es entscheidend, die Wechselwirkung von Bewölkung und Strahlung zu erfassen. Im Mesobereich, insbesondere ab Meso-β, sind ohne die Modellierung der Strahlungsprozesse bestimmte Phänomene nicht erfaßbar (z. B. Tagesgang, Temperatur an der Erdoberfläche, Nebel, überhaupt der Zustand der und in der Grenzschicht).
6. Bei der Verifikation von Prognoseergebnissen ist es notwendig, ein ganzes Ensemble von Kenngrößen zu nutzen. Ferner bedarf es einer weitgehenden Differenzierung nach Element und Prognosezeitraum. Die Erfassung der Prognoseleistung durch nur eine Größe, gegenüber der Öffentlichkeit üblich, bedeutet eine drastische Filterung des differenzierten Leistungsbildes.
7. Es ist ein Problem, die Nutzer meteorologischer Informationen in geeigneter Weise zu erreichen. Beim Aufbau von Kürzestfristvorhersagesystemen verschärft sich dieses Problem. Zur Lösung sind neue technische Mittel notwendig (in dieser oder jener Form Fernsehtechnik). Auch die innere Organisationsform der meteorologischen Dienste hat dazu direkten Bezug, in dem eine durchdachte Aufgabenteilung zwischen Zentrale und Regionalen aufgebaut werden muß.

Probleme und Anwendungen der Physik der Grundschicht

Physik der Grundschicht

von K. Bernhardt

0. Einleitung

Als unmittelbarer atmosphärischer Lebensraum für die menschliche Gesellschaft, in dem sich zugleich die entscheidenden Wechselwirkungsprozesse zwischen Erdoberfläche und Atmosphäre abspielen, bildet die Grundschicht der Troposphäre seit etwa drei Jahrzehnten einen Schwerpunkt experimenteller und theoretischer Untersuchungen in der Physik der Atmosphäre. Der unmittelbare thermische und dynamische Einfluß der Unterlage prägt die wetter- und klimabildenden atmosphärischen Zustände und Prozesse im Grundschichtbereich, deren adäquate Modellierung eine Schlüsselstellung in der Simulation der atmosphärischen Dynamik für Zwecke der numerischen Wettervorhersage, der Ausbreitungsrechnung oder der Klimamodellierung einnimmt; nicht minder bedeutsam ist die Rolle der Grundschicht in Modellrechnungen zur Energiebilanz von Erdoberfläche und Atmosphäre bzw. zum Strahlungs- und thermisch-konvektiven Gleichgewicht in der Atmosphäre, zum Stoffaustausch zwischen Atmosphäre und Unterlage und zu weiteren Vorgängen in der atmosphärischen Umwelt.

Die großen internationalen Programme zu Fundamentalproblemen der Meteorologie, wie das GARP oder das WCP, haben daher die Physik der Grundschicht durch neue Fragestellungen gefördert und um eine Fülle neuer Ergebnisse bereichert bzw. werden — wie im Falle des erst in Gang gesetzten Weltklimaprogrammes — in dieser Weise noch in Zukunft stimulierend wirken. Vom Standpunkt der anthropogenen Beeinflussung der Atmosphäre als Umweltfaktor ist zu beachten, daß nicht wenige Maßnahmen zur gezielten Einflußnahme auf atmosphärische Zustände und Prozesse, besonders aber die Mehrzahl anthropogener Effekte der unbeabsichtigten Wetter- und Klimabeeinflussung zuerst und hauptsächlich die untere Troposphäre — also wiederum die Grundschicht — betreffen.

Die große Aufmerksamkeit, die aus all diesen Gründen der Erforschung der Grundschicht entgegengebracht wird, widerspiegelt sich in einer Vielzahl nationaler und internationaler Beobachtungsexperimente, in verschiedenartigen Formen der multilateralen Wissenschaftskooperation — so in der WMO und der KAPG — zur Behandlung von Grundschichtproblemen, in der Durchführung wissenschaftlicher Konferenzen, Seminare und Symposien zu diesem Gegenstand und nicht zuletzt in einer ständig anschwellenden Literaturflut einschließlich einer eigenen Zeitschrift, der „Boundary-Layer Meteorology".

Im folgenden sollen im Anschluß an eine Übersicht über Meßverfahren im Grundschichtbereich einige ausgewählte Probleme der Physik der Bodenschicht sowie der Physik der Oberschicht einschließlich der Wechselwirkung mit der freien Atmosphäre unter besonderer Beachtung der Methoden und Ergebnisse der Ähnlichkeitstheorie umrissen sowie abschließend einige Aspekte der Berücksichtigung der Grundschicht in Modellen der atmosphärischen Dynamik schlaglichtartig erhellt werden.

In den Literaturangaben konzentrieren wir uns dabei bewußt auf die letzten Jahre, insbesondere auf die Zeit nach der Erarbeitung der umfangreichen WMO Technical Note 165 (McBean et al. 1979).

An Monographie- und Übersichtsliteratur aus dieser Zeitspanne sei bereits einleitend auf Bjutner 1978, De Moor 1978, Orlenko 1979 und Wyngaard 1980 verwiesen. Gedanken aus der Arbeit der ehemaligen WMO Working Group on Atmospheric Boundary-Layer Problems zu Prioritäten der Grundschichtforschung hat McBean 1982 thesenhaft formuliert, Arbeitsergebnisse aus dem Wissenschaftsbereich des Vortragenden sind in den Abhandlungen des Meteorologischen Dienstes der DDR 17 (1982), Nr. 128 (s. Untersuchungen zur Meteorologie der Grenzschicht ... 1982) enthalten.

1. Meßverfahren im Grundschichtbereich

Grundlage unserer Kenntnisse über die physikalischen Zustände und Erscheinungen in der Grundschicht sowie Ausgangspunkt für ihre Modellierung ist die Messung charakteristischer *Felder* (Grund- und abgeleitete Größen und deren Fluktuationen), *Ströme* (molekulare und turbulente Flüsse, Strahlungsflüsse) und *Prozesse* (Energiedissipation, Transportvorgänge, Phasenübergänge u. a.) in diesem Teil der unteren Troposphäre.

Besonderheiten der Meßmethodik im Grundschichtbereich werden einmal von der Nähe der Erdoberfläche als möglichem Standort für viele Gerätekomplexe, zum anderen aber von den Eigentümlichkeiten der Grundschicht selbst bestimmt: Die ausgeprägte raumzeitliche Veränderlichkeit der meisten zu messenden Größen, starke Gradienten und häufig nichtlineare vertikale Profilverläufe sowie auch erhebliche horizontale Unterschiede über der inhomogenen Unterlage, markante tages- und unperiodische Schwankungen über der ener-

Tabelle 1. Indirekte Sondierungsverfahren im Grundschichtbereich

Gerätesystem	Physikalische Effekte	Erfaßte Parameter
Akustische Sonde (Sodar), ggf. kombiniert mit Radar	Temperatur-, Feuchte- und Windabhängigkeit der Schallausbreitung; Rückstreuung an Temperaturinhomogenitäten; Dopplereffekt	Temperatur-, Feuchte- und Windprofil; Temperatur- und Windgeschwindigkeitsfluktuationen, turbulenter Wärme- und Impulsstrom; Mischungsschichthöhe, Inversionsgrenzen, Schwerewellen
Radar (Impulsstrahlung oder frequenzmodulierte kontinuierliche Strahlung)	Rückstreuung an Brechungsindexinhomogenitäten, Hydrometeoren, Wolkenelementen, künstlichen Targets u. a.; Dopplereffekt	Windprofil, dreidimensionales Windfeld; Schwerewellen; Mischungsschichthöhe, Inversionsgrenzen
Laser (Lidar)	Absorption; Aerosolstreuung; temperaturabhängige Linienverbreiterung; Ramanstreuung; Dopplereffekt	Luftfeuchte, Spurenstoffkonzentration; Aerosolspektrum und -konzentration; dreidimensionales Windfeld, Temperaturprofil
Radiometer (Infrarot- oder Mikrowellenbereich)	Temperaturstrahlung von Sauerstoff, Kohlendioxid, Wasserdampf	Temperatur- und Feuchteprofil

gie- und stoffumsetzenden Erdoberfläche erfordern zur repräsentativen Erfassung der Grundschichtzustände und -prozesse eine hohe Meßdichte in Raum und Zeit, möglichst eine kontinuierliche, zumindest aber eine quasisynchrone Datengewinnung an zahlreichen Meßpunkten.

Aktive indirekte Sondierungsverfahren, auf der Ausbreitung akustischer und/oder elektromagnetischer Wellen in Abhängigkeit vom Strömungs- und Temperaturfeld und dessen Fluktuationen beruhend, gestatten eine solche kontinuierliche, räumliche hochauflösende Meßwerterfassung im gesamten Grundschichtbereich, erlauben die Bildung repräsentativer Mittelwerte und schließen darüber hinaus eine Störung des Stromfeldes durch Sensoren oder Geräteträger aus. Dank dieser Vorzüge erfahren die indirekten Sondierungsverfahren der Grundschicht ungeachtet des hohen Kostenaufwandes derzeit eine stürmische Entwicklung. Einen sicher unvollständigen Überblick über bekanntgewordene Anwendungsmöglichkeiten bietet Tabelle 1; wesen eines Vergleiches verschiedener Verfahren bzw. Gerätekomplexe sei auf das

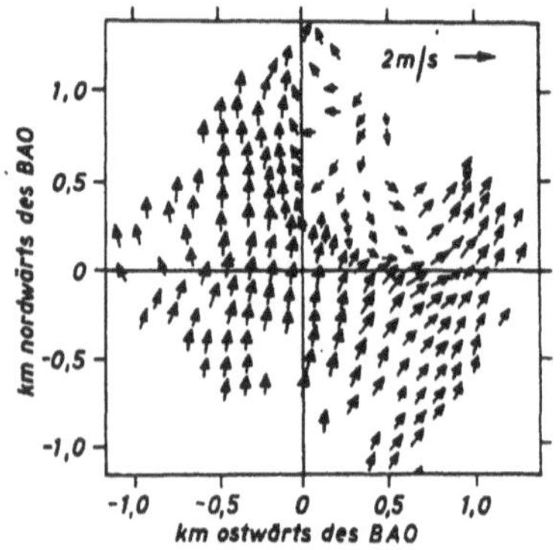

Abb. 1. Horizontales Stromfeld in 825 m Höhe nach einer DOPPLER-Radar-Aufnahme (300 Serien) am Boulder Atmospheric Observatory, 21. 09. 1978 15.40 Uhr, nach KROPFLI

Experiment in Boulder 1979 (KAIMAL et al. 1980) verwiesen.

Zur Demonstration der Möglichkeiten moderner indirekter Sondierungsverfahren ist in Abb. 1 nach KROPFLI (in KAIMAL et al. 1980, S. 57) eine Doppler-Radar-Aufnahme des horizontalen Windfeldes in 825 m Höhe in der Umgebung des Boulder Atmospheric Observatory (BAO) vom 21. 09. 1978, 15.40 Uhr wiedergegeben; bemerkenswert ist, wie ein Aufwindfeld von etwa 1,5 m $\cdot$ s^{-1} in der rechten oberen Bildecke als Hindernis für die horizontale Wirbelströmung wirkt (und über etwa 10^{m}, mit der mittleren Strömung wandernd, verfolgt werden konnte).

Als weiteres Beispiel zeigt Abb. 2 die schematische Darstellung einer Sodar-Doppler-Registrierung der morgendlichen Entwicklung einer konvektiven Grenzschicht nach TACONET und WEILL 1982; im rechten Teil der Abbildung ist die für diesen Grenzschichttyp charakteristische vertikale Verteilung von Windgeschwindigkeit, potentieller Temperatur und vertikalem Turbulenzwärmestrom skizziert. Die Sodarregistrierung wurde in diesem Falle u. a. zur quantitativen Bestimmung der turbulenten Vertikalgeschwindigkeitsfluktuationen und ihres Momentes dritter Ordnung, der Höhenlage der Inversionsuntergrenze sowie des turbulenten Wärme- und Impulsstromes (Schubspannungsgeschwindigkeit) an der Erdoberfläche verwendet.

Weniger umfangreich sind die Anwendungsmöglichkeiten der radiometrischen Meßverfahren als Prototyp der passiven indirekten Sondierungsmethoden. Der charakteristische Mangel dieser Verfahren zur Bestimmung des vertikalen Temperatur- und Feuchteprofils durch Lösung eines Inversionsproblems (FREDHOLMsche Integralgleichung erster Art), nämlich die schlechte Wiedergabe von Feinstrukturen, macht sie für Grundschichtuntersuchungen selbst von der Erdoberfläche aus nur bedingt geeignet. Als Beispiel sei in Abb. 3 nach DECKER (bei KAIMAL et al. 1980, S. 61) der Vergleich eines Tem-

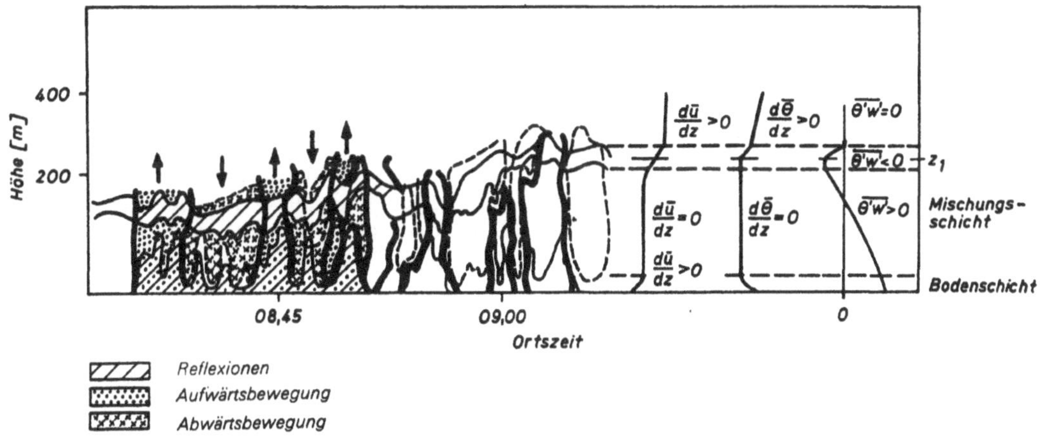

Abb. 2. DOPPLER-Sodar-Registrierung der morgendlichen Entwicklung einer konvektiven Grenzschicht in Voves, 6. Juli 1977, nach TACONET und WEILL; im rechten Teil der Abbildung sind die charakteristischen vertikalen Profile der Windgeschwindigkeit, der potentiellen Temperatur und des Turbulenzwärmestromes in der konvektiven Grenzschicht schematisch dargestellt

peraturprofils nach einem Radiosondenaufstieg und nach Wiederherstellung aus spektralen Strahlungsmessungen im Mikrowellenbereich während des Projektes Phoenix am Boulder Atmospheric Observatory im September 1978 demonstriert; verwendet wurden neben Strahlungsmessungen bei 22,235 GHz (Wasserdampfabsorption), 52,85, 53,85 und 55,45 GHz (Sauerstoffabsorption) sowie 31,65 GHz (Fensterbereich) Angaben für Luftdruck, Temperatur und relative Feuchte am Erdboden. Während das ohne Verwendung weiterer Zusatzinformationen wiederhergestellte Temperaturprofil die niedertropospphärische Inversion gänzlich wegglättet, wird diese bei Kenntnis der Existenz einer Inversionsgrenze aus Radarbeobachtungen (wonach im Wiederherstellungsalgorithmus ein statistisches Ensemble von Atmosphärenschichtungen mit Inversionen in der beobachteten Höhe verwendet wird) wenigstens näherungsweise, aber noch immer mit zu geringem Inversionsbetrag wiedergegeben.

Die genannten Mängel gelten erst recht für Strahlungsmessungen von Erdsatelliten, die in bezug auf die Erfassung von Grundschichtparametern hauptsächlich zur Bestimmung der Strahlungstemperatur von Erdoberfläche und Wolkenobergrenzen nutzbar sind. Wir selbst haben einige Versuche zur Abschätzung der thermischen

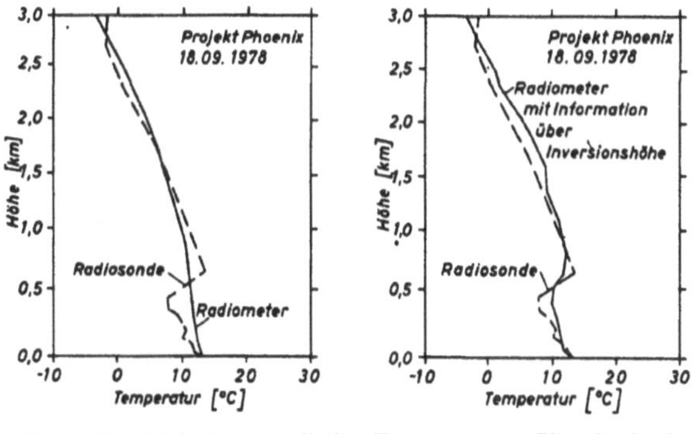

Abb. 3. Vergleich eines vertikalen Temperaturprofils mit abgehobener Inversion nach einer Radiosondenmessung bzw. nach Wiederherstellung auf Grund spektraler Strahlungsmessungen im Mikrowellenbereich, im rechten Teil bei Kenntnis der Inversionshöhe nach Radarechos

Schichtung im Grundschichtbereich nach routinemäßig übertragenen Satellitenwolkenbildern unternommen (z. B. WERNER et al. 1976, KLOSE und SCHENK 1983).

In weit größerem Umfang als die kosten- und gerätetechnisch aufwendigen indirekten Sondierungen werden natürlich weltweit in situ Messungen von Grundschichtparametern durchgeführt, womit zunächst die Frage der geeigneten Meßfühler zur Erfassung zeitlich gemittelter (d. h. tiefpaßgefilterter) Größen und ihrer räumlichen Differenzen (Gradienten), aber mehr noch zur Ermittlung der turbulenten Schwankungen aufgeworfen ist. Hierzu kann auf die ausführliche und übersichtliche Auflistung der bisher hauptsächlich eingesetzten (konventionellen wie nichtkonventionellen) Meßfühler für Windgeschwindigkeit, Temperatur und Feuchte samt ihrer spezifischen Vor- und Nachteile bei MCBEAN et al. 1979 verwiesen werden.

Hervorgehoben werden muß aber die unbedingte Notwendigkeit eines Gerätevergleichs — auch über Ländergrenzen hinweg — bei den Meßkomplexen zur Erfassung der turbulenten Schwankungen und besonders ihrer Spektren und Kospektren. Bereits der erste derartige internationale Vergleich von Ultraschall-Thermoanemometern unter Einbeziehung eines Widerstandsthermometers in der Nähe von Vancouver im Jahre 1968 (u. a. MIYAKE et al. 1971) hatte erhebliche Differenzen in den Horizontalwind- und Temperaturspektren, vor allem aber in den Kospektren zutage gefördert; es folgten die internationalen Turbulenzmeßgerätevergleiche in Cimljansk 1970 sowie in Conargo (Australien) 1976 (vgl. TSVANG et al. 1973 bzw. GARRATT et al. 1979 und DYER et al. 1981) sowie — als bisher jüngste Maßnahme dieser Art — das Feldexperiment MESP-81 in Cimljansk (1981) im Rahmen des Projektes 15 der KAPG (FOKEN 1982, TSVANG 1981).

Als zweites Problem der in situ Messungen stellt sich die Frage nach den geeigneten Geräteträgern. Schornsteine, Hochhäuser, kommerzielle Masten und Türme o. ä. stören das Wind- und Temperaturfeld erheblich und sind daher für die Installation von Meßgeräten nur mit Einschränkungen brauchbar; hochreichende Masten speziell für meteorologische Zwecke, wie die 300-m-

Masten in Obninsk oder Boulder, werden verständlicherweise nur vereinzelt errichtet und liefern damit Meßwerte für nur wenige, nach speziellen Gesichtspunkten ausgewählte Orte, also wenig repräsentative Ergebnisse für die Vielzahl natürlicher und anthropogen umgestalteter Gelände- und Untergrundbedingungen. Die in Lindenberg entwickelte Fixpunkt-Aufstiegsmethode, von Dubois 1961 rückschauend beschrieben, vereint in gewissem Maße die Mobilität der Fesselaufstiegstechnik mit der Möglichkeit langzeitiger kontinuierlicher Registrierungen meteorologischer Parameter an festen Punkten in der Atmosphäre.

Demgegenüber besitzen Messungen von beweglichen, frei fliegenden oder gefesselten Geräteträgern in zeitlicher Hinsicht Stichprobencharakter und gestatten keine streng gleichzeitige Meßwertgewinnung in verschiedenen Niveaus der Grundschicht von ein und demselben Geräteträger aus. Die Fesselaufstiegsverfahren der klassischen Aerologie werden vornehmlich noch in mobilen Aufstiegszügen für Profiluntersuchungen an ausgewählten, besonders interessierenden Orten — z. B. in Gebirgstälern — gepflegt. Eine große Rolle in Feldexperimenten spielen Flugzeugmessungen; aber auch Hubschrauber, ferngesteuerte Modellflugzeuge und Segelflugzeuge werden für Grundschichtuntersuchungen eingesetzt.

Ballone eignen sich besonders gut als Geräteträger zur gleichzeitigen Verfolgung der Luftströmung, wobei ausgewogene Pilotballone eine Beschreibung des Stromfeldes in Lagrangescher Betrachtungsweise ermöglichen und beispielsweise zur Untersuchung der Strömungsverhältnisse über Stadtgebieten verwendet werden. Radiosondenballone bilden nicht nur die Grundausstattung des weltweiten bodengebundenen aerologischen Routinenetzes mit rund 800 Festlands- und etwa 40 Schiffsaufstiegsstellen, sondern dienen auch als Träger für spezielle Grundschichtsonden, z. T. mit verminderter Aufstiegsgeschwindigkeit.

Freiballonflüge schließlich, wie sie beispielsweise in Gestalt der wissenschaftlichen Luftfahrten von Assmann und Berson 1899—1900 oder nach dem zweiten Weltkrieg von Gajgerov und Kastrov in der UdSSR in großem Umfang praktiziert wurden, haben unsere Kenntnisse über relevante meteorologische Prozesse in der unteren Troposphäre wesentlich bereichert und eignen sich besonders zum Studium der Luftmassentransformation; wegen der Stellung freifliegender automatischer Ballone in der modernen meteorologischen Datengewinnung vergleiche man die Monographie von Borisenkov et al. 1982.

Marksteine in der Entwicklung unserer Kenntnisse über die turbulente Grenzschicht und zugleich Impulsgeber für die Weiterentwicklung der Theorie waren in den letzten drei Jahrzehnten komplexe Beobachtungsexperimente, die an die Stelle der bloßen Windprofilmessungen der Vorkriegszeit getreten sind, von denen gleichwohl z. B. das berühmte Leipziger Windprofil noch bis in jüngste Zeit immer wieder zum Vergleich mit Modellrechnungen herangezogen wird.

Wir nennen in diesem Zusammenhang das Great Plains Turbulent Field Program (1953), das AFCRL Kansas 1968 Field Program, das AFCRL Minnesota 1973 Atmospheric Boundary Layer Experiment oder die Beobachtungsexperimente Wangara (1967) und Koorin (1967) in Australien und verweisen hinsichtlich näherer Einzelheiten, Literaturangaben und einer Aufstellung weiterer Experimente auf McBean et al. 1979. Aus dem mitteleuropäischen Raum sei an die Meppener Windprofile (Leykauf 1974) und die GREIV-Daten (Beyer und Roth 1976) erinnert, aus Skandinavien liegen die Ergebnisse des Feldexperimentes GOTEX II (Ericson 1982) vor.

Keinesfalls darf schließlich die Kenntniserweiterung und -vertiefung aus solchen Experimenten vergessen werden, die obgleich nicht primär als Grundschichtexperimente ausgewiesen, in dieser oder jener Weise Prozesse der Wechselwirkung zwischen Erdoberfläche und Atmosphäre behandelten. Das betrifft etwa METROMEX und ATEX, BOMEX und AIDJEX, JASIN und IFYGL, vor allem aber solche im Rahmen des GARP angesiedelte Beobachtungsexperimente, wie CAENEX, POLEX oder TROPEX, GATE, AMTEX, MONEX und — als jüngstes Beispiel — ALPEX.

In vieler Hinsicht ein Gegenstück zu den aufwendigen Beobachtungsexperimenten zur Gewinnung von Informationen über die Grundschicht bilden die Daten des mit Radiosonden betriebenen operativen aerologischen Meßnetzes. In der Tat ist die Verwertung von Routineradiosondendaten für Grundschichtstudien mit klaren Nachteilen und Vorteilen verbunden: Der einzelne Aufstieg liefert die gemessenen Parameter längs eines Schrägprofils, d. h. im allgemeinen über wechselndem Untergrund, wobei die Ballonbahn bei gegebener Windgeschwindigkeit umso flacher geneigt ist, je geringer die — im übrigen unregelmäßig schwankende (vgl. Helbig 1977) — Steiggeschwindigkeit gewählt wird. Eine relativ geringe vertikale Auflösung, häufig auch die nicht streng gleichzeitige Messung der einzelnen Parameter vermindern zweifellos die Aussagekraft der individuellen Radiosondierung, deren Stichprobencharakter auch durch zufällige turbulente Schwankungen in verschiedenen Scale-Bereichen bedingt ist.

Desungeachtet stellt das weltweite Radiosondennetz eine einzigartige Datenquelle für die klimatologische Bearbeitung wichtiger Grundschichtparameter auf der Grundlage langjähriger, annähernd homogener Meßreihen dar. Durch die Bearbeitung einer großen Zahl von Radiosondenaufstiegen kann der Einfluß zufälliger Fehler der Einzelmessung auf das Gesamtergebnis der Auswertung vermindert werden. Im Gegensatz zu vielen Feldexperimenten, die meist für ausgewählte, „störungsfreie" Wetterlagen oder über ebener, möglichst homogener Unterlage — wie sie für die vielgestaltig gegliederte Erdoberfläche eingentlich ganz untypisch ist! — durchgeführt wurden, liefern die Radiosonden des operativen aerologischen Netzes Informationen über die Struktur der Grundschicht unter der ganzen Schwankungsbreite der realen atmosphärischen und Untergrundbedingungen.

Nicht zuletzt erfordert die Bearbeitung der Radiosondenaufstiege im Vergleich zu den sehr aufwendigen Feldexperimenten nur einen relativ geringen materiellen und personellen Aufwand; als erfolgreich hat sich in unseren Erfahrungen eine nachträgliche Spezialauswertung der primären Aufstiegsdaten erwiesen. Im Verlaufe mehrerer Jahre haben wir aus speziell ausgewerteten Radiosondenaufstiegen an den DDR-Stationen u. a. eine umumfangreiche Statistik niedertroposphärischer Inversionen erstellt, effektive geostrophische Spannungskoeffizienten nach der ageostrophischen Methode berechnet, Grenzschichthöhen auf der Grundlage von Windprofilkriterien bestimmt sowie Versuche zur Ableitung von Windprofiltypen bzw. zur Klassifikation von Grundschichttypen nach den thermischen Schichtungsverhältnissen unter Hinzuziehung von Satellitenwolkenbildern unternommen; auch Besonderheiten der vertikalen Temperatur- und Windverteilung unter speziellen orographischen Bedingungen (Kaltluftausfluß aus dem Böhmischen Becken) sowie über Stadtgebieten wurden untersucht. Stellvertretend für die genannten Untersuchungen seien die Arbeiten von Bernhardt und Helbig 1982, Bernhardt 1975a, Tran Duy Binh 1979, Handschack 1982 (auch Bernhardt, Klose und Pethe 1982), Klose und Schenk 1983, Pethe 1981 sowie Helbig 1982 genannt.

Die Nutzbarkeit operativer Radiosondenaufstiege für Zwecke der Grundschichtforschung wird heute — ganz im Gegensatz etwa zu den ablehnenden Äußerungen von Schneider-Carius 1953 in der Einleitung zu seiner Monographie — auch international anerkannt (z. B. Jaglom et al. 1974, S. 685). Die ehemalige Arbeitsgruppe für Probleme der atmosphärischen Grenzschicht der CAS der WMO empfahl in diesem Zusammenhang, die Repräsentativität der Radiosondenmessungen in bezug auf Raum und Zeit zu untersuchen, geeignete Methoden zur Analyse der primären Radiosondendaten (mit erhöhter vertikaler Auflösung) zu entwickeln und anzuwenden sowie in Hinblick auf die Zusammenstellung einer Liste von Stationen für Grundschichtmessungen im Rahmen des bodengebundenen globalen Beobachtungssystems (GOS) die Notwendigkeit von mindestens vier Aufstiegen pro Tag an ausgewählten Stationen zu prüfen (WMO CAS 1980, S. 13).

2. Grundschicht, Grenzschicht und Physik der Bodenschicht

Abb. 4 zeigt nach Bernhardt 1967 eine Darstellung des Aufbaus der Grundschicht im Normalaufbau in logarithmischer Höhenskala, wobei die Grenzen der nichtpermanenten Schichten gestrichelt gezeichnet sind. Den Vorstellungen von Schneider-Carius 1953 folgend, haben wir dabei die planetarische Grenzschicht um eine nicht permanente Konvektionsschicht zur Grundschicht erweitert — ausgehend davon, daß unter geeigneten Schichtungsbedingungen die von der Erdoberfläche ausgehende Konvektion (als „deep convection“) größere Höhenbereiche der Troposphäre erfassen, bei Bildung mächtiger Cumulonimben im Extremfall sogar bis in die Tropopausenregion vordringen kann. Durch die Konvektion — vor allem mit Quellwolkenentwicklung („moist convection“) — kann jedenfalls ein Transport von Wasserdampf, Beimengungen u. a. von der Unter-

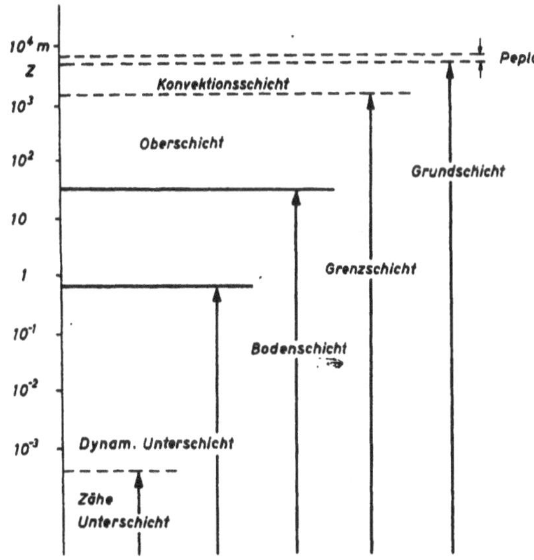

Abb. 4. Vertikale Gliederung der Grundschicht in logarithmischem Höhenmaßstab; nichtpermanente Schichtgrenzen gestrichelt

lage bis weit über die hydrodynamische Grenzschicht hinaus erfolgen, als deren Charakteristikum wir nach wie vor die turbulenzreibungsbedingte, geotriptische Abweichung des wahren vom geostrophischen (bzw. quasigeostrophischen) Wind der freien Atmosphäre ansehen möchten.

Definieren wir in diesem Sinne die Obergrenze der planetarischen Grenzschicht (PGS) in der Höhe h als ein Niveau mit verschwindendem turbulentem Schubspannungsvektor $\boldsymbol{\tau}(h) = 0$ (praktisch ist $|\boldsymbol{\tau}(h)| \ll |\boldsymbol{\tau}(0)|$ zu fordern), so erweist sich die PGS nach Integration der Impulsbilanz- sowie der Energiebilanzgleichung von 0 bis h als eine Schicht, in der wegen

$$\int_0^h \frac{\partial \boldsymbol{\tau}}{\partial z}\,dz = -\varrho_0 v_* \boldsymbol{v}_* = f \int_0^h \varrho \boldsymbol{k} \times (\boldsymbol{v} - \boldsymbol{v}_g)\,dz + \int_0^h \frac{\partial}{\partial t}(\varrho \boldsymbol{v}_h)\,dz + \int_0^h \nabla_h \cdot (\varrho \boldsymbol{v}_h \boldsymbol{v}_h)\,dz + \varrho \boldsymbol{v}_h v_z|_h \tag{1}$$

bei geotriptischer (d. h. beschleunigungsfreier) Strömung der gesamte turbulenzreibungsbedingte Impulsverlust (ausdrückbar durch die Schubspannungsgeschwindigkeit an der Erdoberfläche!) durch systematische (geotriptische) Abweichungen des wahren vom geostrophischen Wind ausgeglichen und der gesamte Verlust an kinetischer Energie infolge turbulenzreibungsbedingter Dissipation und Arbeitsleistung der Schubspannung an der Erdoberfläche gemäß

$$\int_0^h \boldsymbol{\tau} \cdot \frac{\partial \boldsymbol{v}_h}{\partial z}\,dz + \boldsymbol{v}_h \cdot \boldsymbol{\tau}|_0 = -\int_0^h \varrho \frac{d}{dt}\left(\frac{v_h^2}{2}\right) dz - \int_0^h \boldsymbol{v}_h \cdot \nabla p\,dz \tag{2}$$

durch (ageostrophische) Strömungskomponenten in Richtung zum tiefen Luftdruck ersetzt wird.

Die Abgrenzung einer gegebenenfalls ausgebildeten eigenen Konvektionsschicht oberhalb der PGS berührt nicht den eventuellen Einfluß der Konvektion auf die PGS selbst, wie er im typischen Vertikalaufbau der konvektiven PGS zum Ausdruck kommt, der im rechten Teil von Abb. 2 skizziert ist. Darüber hinaus dürfte bei niedrigen geostrophischen Windgeschwindigkeiten und hochreichender Konvektion die Abgrenzung der konvektiven Grenzschicht (Regime der freien Konvektion) von der darüber gelegenen Konvektionsschicht auf Schwierigkeiten stoßen — ein Problem, das offensichtlich weiterer Untersuchungen bedarf.

Innerhalb der PGS ist die Bodenschicht (BS) der am leichtesten zugängliche und damit der am besten erforschte Teil der Grundschicht. Der Zusammenhang zwischen den turbulenzbedingten vertikalen Flußdichten F_u einer austauschbaren Eigenschaft u und dem zugehörigen vertikalen Gradienten wird durch den Turbulenzkoeffizienten K_u für die betreffende Eigenschaft beschrieben, wobei unter stationären Verhältnissen über einer ebenen, horizontal homogenen Unterlage im beschleunigungs- und advektionsfreien Falle die bekannte MONIN-OBUCHOVsche Ähnlichkeitstheorie gilt, die vor nahezu drei Jahrzehnten (1954) einen revolutionären Fortschritt der Physik der bodennahen Luftschicht bezeichnete.

Nach diesem Ansatz für $z, z_1, z_2 \gg z_0$

$$\frac{\partial u}{\partial z} = \frac{u_*}{\varkappa z}\,\varphi_u\left(\frac{z}{L}\right) = \frac{u_*}{\varkappa L}\,\hat{\varphi}_u\left(\frac{z}{L}\right), \tag{3}$$

$$K_u = \frac{\varkappa v_* z}{\varphi_u\left(\frac{z}{L}\right)} = \frac{\varkappa v_* L}{\hat{\varphi}_u\left(\frac{z}{L}\right)}, \tag{4}$$

$$\frac{u(z_2) - u(z_1)}{u_*} = \frac{1}{\varkappa}\left[\Phi_u\left(\frac{z_2}{L}\right) - \Phi_u\left(\frac{z_1}{L}\right)\right] = \frac{1}{\varkappa}\left[\ln\frac{z_2}{z_1} + \psi_u\left(\frac{z_2}{L}\right) - \psi_u\left(\frac{z_1}{L}\right)\right], \tag{5}$$

wobei der Normierungsparameter u_* im allgemeinen Falle mit der zugehörigen Flußdichte F_u bzw. für das Windprofil ($u \equiv v_x$) mit dem Impulsstrom $-\tau_x$, für das Temperaturprofil ($u \equiv \theta$) mit dem Turbulenzwärmestrom H und für das Profil der spezifischen Feuchte ($u \equiv q$) mit dem Feuchtestrom E

$$u_* = -\frac{F_u}{\varrho v_*} = \begin{cases} \tau_x/\varrho v_* = -\overline{v_x' v_z'}/v_* = v_* \\ -H/\varrho c_p v_* = -\overline{v_z' T'}/v_* = T_* \\ -E/\varrho v_* = -\overline{q' v_z'}/v_* = q_* \end{cases} \tag{6}$$

lautet.[1])

[1]) Im Falle des Flusses fühlbarer Wärme lautet die Fluß-Gradient-beziehung ohne eventuelle Zusatzglieder nach ERTEL, BUDYKO und JUDIN bzw. PRIESTLEY und SWINBANK (hierzu BERNHARDT 1969, 1972, 1974 u. a.) $H = -\varrho c_p K_h T/\theta\, \partial\theta/\partial z = -\varrho c_p K_h(g/c_p + \partial T/\partial z)$, so daß das vertikale Profil $\partial u/\partial z$ durch $g/c_p + \partial T/\partial z = T/\theta\, \partial\theta/\partial z$ repräsentiert wird, wobei der Faktor T/θ nur bei Luftdrucken nahe 1000 hPa näherungsweise 1 gesetzt werden kann. Des weiteren ist in (6) und den folgenden Gleichungen im Falle des fühlbaren Wärmestromes für den Fluß F_u der Ausdruck $H/c_p = \varrho\overline{v_z' T'}$ zu setzen, für die zeitliche Ableitung $\partial u/\partial t$ $T/\theta\, \partial\theta/\partial t = \partial T/\partial t - RT/c_p p\, \partial p/\partial t$ usw.

Für die Beziehungen zwischen den universellen Funktionen gilt

$$\Phi_u\left(\frac{z_2}{L}\right) - \Phi_u\left(\frac{z_1}{L}\right) = \int_{z_1}^{z_2} \varphi_u\left(\frac{z}{L}\right)\frac{dz}{z} = \int_{z_1/L}^{z_2/L} \varphi_u(\zeta)\,\frac{d\zeta}{\zeta} = \int_{z_1/L}^{z_2/L} \hat{\varphi}_u(\zeta)\,d\zeta\,, \tag{7}$$

$$\psi_u\left(\frac{z_2}{L}\right) - \psi_u\left(\frac{z_1}{L}\right) = \int_{z_1}^{z_2}\left[\varphi_u\left(\frac{z}{L}\right) - 1\right]\frac{dz}{z} = \int_{z_1/L}^{z_2/L} \frac{\varphi_u(\zeta) - 1}{\zeta}\,d\zeta = \int_{z_1/L}^{z_2/L}\left[\hat{\varphi}_u(\zeta) - \frac{1}{\zeta}\right]d\zeta\,; \tag{8}$$

die MONIN-OBUCHOVsche Länge, in deren Definition traditionell, aber offensichtlich unzweckmäßig, die KÁRMÁN-Konstante $\varkappa$ einbezogen wird, lautet mit Berücksichtigung des Auftriebseffektes der tubulenten Feuchtefluktuationen

$$L = -\frac{v_*^3}{\varkappa\,\frac{g}{T}\left[\frac{H}{\varrho c_p} + 0{,}608\,\frac{ET}{\varrho}\right]} = \frac{v_*^2}{\varkappa\,\frac{g}{T}\left[T_* + 0{,}608\,Tq_*\right]}. \tag{9}$$

Neben den geeignet normierten vertikalen Gradienten, Profilen und dem normierten turbulenten Transportkoeffizienten nach (3)—(5) sowie dem Verhältnis des Turbulenzkoeffizienten K_m für Impuls zu den Turbulenzkoeffizienten für andere Eigenschaften

$$K_m/K_u = \varphi_u(\zeta)/\varphi_m(\zeta) = \varphi_{u,m}(\zeta) \tag{10}$$

sind auch weitere Charakteristika des turbulenten Stromfeldes in Bodennähe, wie Energiedissipation und Momente zweiter (Varianzen) und höherer Ordnung, Spektren und Cospektren turbulenter Fluktuationen in dimensionsloser Form als Funktionen der dimensionslosen Höhe darstellbar, wobei sich allerdings Grenzen bei den statistischen Charakteristika der Horizontalwindfluktuationen abzeichnen.

Das Kernproblem, speziell für Anwendungen der MONIN-OBUCHOVschen Theorie zur Bestimmung der tubulenten Flüsse aus Profilmessungen, bleibt natürlich die Ermittlung des Verlaufs der universellen Funktionen; Gegenüberstellungen zahlreicher von verschiedenen Autoren auf experimentellem oder theoretischem Wege gefundener Funktionsverläufe bzw. analytischer Ansätze sind etwa bei YAGLOM 1977, DE MOOR 1978, VISWANADHAM 1982 zu finden; wir zeigen in Abb. 5 eine gegenüber MCBEAN et al. 1979 leicht veränderte und ergänzte Darstellung, in der die mit $\varkappa$ multiplizierte MONIN-OBUCHOVsche Länge nach (9) diese von den einzelnen Bearbeitern unterschiedlich angenommene Größe

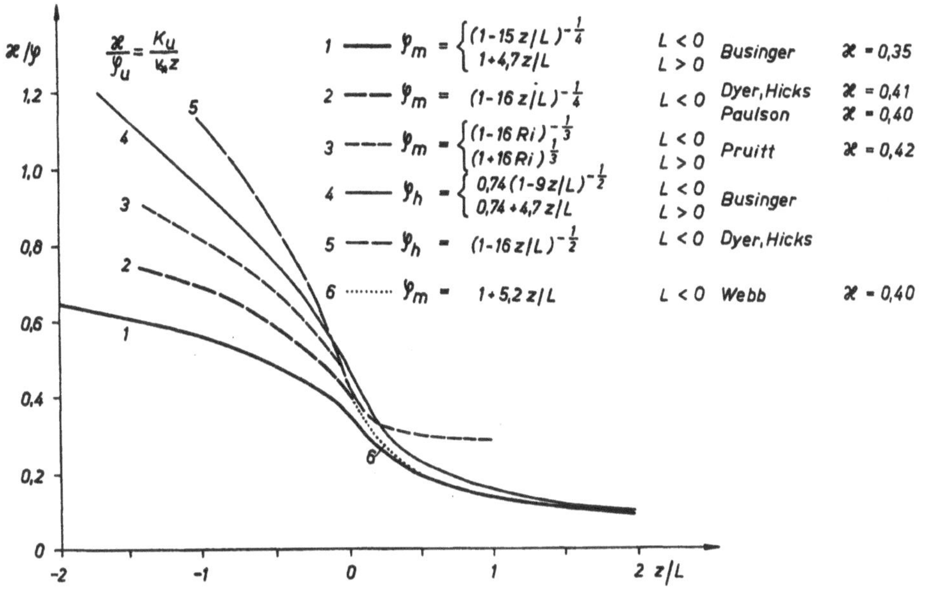

Abb. 5. Vergleich dimensionsloser Turbulenzkoeffizienten $\varkappa/\varphi(z/L) = K/v_*z$ für Impuls und Wärme nach McBean et al.

nicht mehr enthält, deren Wert andererseits für $z/\varkappa L = 0$ von der nach $\varkappa/\varphi$ geteilten Ordinate abgelesen werden kann; wie ein Vergleich mit (3) zeigt, liefert die Abbildung unmittelbar den Wert des dimensionslosen vertikalen Gradienten $\frac{z}{u_*}\frac{\partial u}{\partial z}$ als Funktion der dimensionslosen Höhe $z/\varkappa L = \zeta/\varkappa$ nach den von den verschiedenen Autoren vorgeschlagenen Ansätzen für die universellen Funktionen; $\varkappa/\varphi$ stellt darüber hinaus nach (4) zugleich den dimensionslosen Turbulenzkoeffizienten K_u/v_*z dar, so daß die Darstellung auch eine Aussage über die Relation der Turbulenzkoeffizienten K_m und K_h für Impuls bzw. Wärme vermittelt.

Die nach wie vor erheblichen Diskrepanzen im Verlauf der universellen Funktionen — so plädieren Dyer und Bradley 1982 nach einer sorgfältigen Bearbeitung des 1976 International Turbulence Comparison Experiment in Australien für die Ansätze $\Phi_m = (1 - 28z/L)^{-1/4}$, $\Phi_h = (1 - 14z/L)^{-1/2}$ für instabile Schichtung und $\varkappa = 0{,}40$, während eine erste Auswertung der Messungen in Cimljansk 1981 nach Cvang et al. 1981 für $L < 0$ die beste Übereinstimmung der Profilmessungen mit Φ_m nach einem Ansatz von Zilitinkevič und Čalikov 1968 bzw. mit Φ_h nach der Formel von Dyer und Hicks bei gleichzeitig guter Übereinstimmung mit den neuerdings vorgeschlagenen Ansätzen nach Skeib 1980, Gavrilov, Petrov 1981 ergeben hat! — lenken die Aufmerksamkeit auf die unbedingte Notwendigkeit von Meßgerätevergleichen (vgl. Abschnitt 1) und die Ausschaltung systematischer Meßfehler, aber auch auf nicht beachtete Abweichungen von den Voraussetzungen der Ähnlichkeitstheorie. Wir betrachten nur die folgenden:

1. Die Annahme höhenkonstanter Ströme bzw. die übliche Definition der Höhe h der Bodenschicht (als „constant flux layer"), so daß

$$\frac{|F_u(z) - F_u(0)|}{|F_u(0)|} \leqq \varepsilon \ll 1 \quad \text{für} \quad z \leqq h \qquad (11)$$

erfordert in der Bilanzgleichung für die Eigenschaft u pro Masseneinheit

$$\frac{\partial u}{\partial t} = \frac{\mathrm{d}u}{\mathrm{d}t} - v \cdot \nabla_h u - v_z \frac{\partial u}{\partial z} - \frac{1}{\varrho}\left(\nabla_h \cdot F_u + \frac{\partial F_u}{\partial z}\right) \qquad (12)$$

selbst bei Stationarität, horizontaler Homogenität und vernachlässigbaren Vertikalbewegungen eine Analyse des Quelltermes $\mathrm{d}u/\mathrm{d}t$, mit dessen über die Bodenschicht vertikal gemitteltem Wert $\widetilde{\mathrm{d}u/\mathrm{d}t} = U$, Längenmaßstab L_* bzw. Höhe der Bodenschicht wegen (11), (12)

$$h \approx \varepsilon L_* = \varepsilon \frac{|F_u(0)|}{\left|\frac{\partial \widetilde{F}_u}{\partial z}\right|} = \varepsilon \frac{|F_u(0)|}{\varrho |U|} \qquad (13)$$

ist. Der Quellterm und somit auch L_* verhalten sich — immer noch Stationarität, horizontale Homogenität und vernachlässigbare Vertikalbewegungen in der Bodenschicht vorausgesetzt! — für Wasserdampf-, Impuls- und Wärmestrom ganz unterschiedlich: Während im Falle des Wasserdampfes (und anderer Beimengungen) bei Fehlen von Phasenumwandlungen (bzw. chemischen Umsetzungen) überhaupt keine Quellen oder Senken auftreten, resultieren Impulsquellen bzw. -senken im geotriptischen Windfeld aus den reibungsbedingt ageostrophischen Windabweichungen gemäß

$$\varrho \frac{\mathrm{d}v_x}{\mathrm{d}t} = -\frac{\partial \tau_x}{\partial z} = \varrho f(v_y - v_{gy}), \qquad (14)$$

$$\varrho \frac{\mathrm{d}v_y}{\mathrm{d}t} = -\frac{\partial \tau_y}{\partial z} = -\varrho f(v_x - v_{gx}), \qquad (15)$$

Wärmequellen bzw. -senken aus der Divergenz von kurzwelliger und langwelliger Strahlungsbilanz $F_K^* = F_K^{\downarrow} - F_K^{\uparrow}$ bzw. $F_L^* = F_L^{\downarrow} - F_L^{\uparrow}$ ($F^{\uparrow}$ bzw. $F^{\downarrow}$ bezeichnen die Flußdichten der aufwärts bzw. abwärts gerichteten Strahlungsströme), so daß

$$\frac{\partial H}{\partial z} = \frac{\partial F_K^*}{\partial z} + \frac{\partial F_L^*}{\partial z} \tag{16}$$

wird.

Mit $v_y = 0$ (Bodenwind in Richtung der x-Achse) und $\alpha = \sphericalangle(x, v_{g0})$ als Winkelabweichung des geostrophischen gegenüber dem beobachteten Bodenwind sowie $v_{gx} = v_g \cos\alpha$, $v_{gy} = v_g \sin\alpha$ wird daher (vgl. auch BERNHARDT 1975 b)

$$\left.\begin{aligned} -\frac{\partial \tau_x}{\partial z} &= -\varrho f v_g \sin\alpha \\ -\frac{\partial \tau_y}{\partial z} &= -\varrho f v_g \left[\frac{v_x}{v_g} - \cos\alpha\right] \end{aligned}\right\} L_* = \frac{v_*}{v_g}\frac{v_*}{|f|} = \left(\frac{v_*}{v_g}\right)^2 \frac{v_g}{|f|}, \tag{17}$$

$$\frac{\partial H}{\partial z} = \frac{\partial F_K^*}{\partial z} + \frac{\partial F_L^*}{\partial z}, \qquad L_* = \frac{|H(0)|}{\left|\frac{\partial \tilde{F}_K^*}{\partial z} + \frac{\partial \tilde{F}_L^*}{\partial z}\right|},$$

$$\frac{\partial E}{\partial z} = 0, \qquad L_* \to \infty.$$

Die constant flux-Annahme ist also im Falle von Inpuls-, Wärme- und Wasserdampfstrom für eine so definierte Bodenschicht mit sehr verschiedenen Längenmaßstäben erfüllt, die besonders bei niedrigen geostrophischen Windgeschwindigkeiten für das Windprofil sowie bei kleinem Betrag des Turbulenzwärmestroms und dem Betrag nach großen Strahlungsstromdivergenzen für das Temperaturprofil klein ausfallen.

Maßstab für die vertikale Mächtigkeit der Bodenschicht ist L_*, nicht aber die MONIN-OBUCHOVsche Länge L; die universellen Funktionen nach (3)—(5) sowie (7) und (8) sind strenggenommen Funktionen von z/L und z/L_* bzw. von z/L und L/L_* und reduzieren sich nur für $z/L_* \ll 1$ auf die bloße Abhängigkeit von z/L. Ist diese Voraussetzung nicht erfüllt, kann keine Ähnlichkeit von Wind-, Temperatur- und Feuchteprofil mehr erwartet werden.

Die Effekte der Instationarität ($\partial u/\partial t \neq 0$) begründen eine weitere Beschränkung der Höhe der Bodenschicht mit einem charakteristischen Maßstab analog zu (13) und unter Beachtung von (6)

$$L_{**} = \frac{|F_u(0)|}{\varrho\left|\frac{\partial \tilde{\tilde{u}}}{\partial t}\right|} = \frac{|u_*|\, v_*}{\left|\frac{\partial \tilde{\tilde{u}}}{\partial t}\right|} = \frac{v_*}{\left|\frac{1}{u_*}\frac{\partial \tilde{\tilde{u}}}{\partial t}\right|}, \tag{18}$$

wobei $\approx$ den Mittelwert der betreffenden Größe im Höhenbereich bis εL_{**} darstellt. Eine entsprechende Formulierung läßt sich für den Einfluß der advektiven Terme in der Bilanzgleichung (12) treffen.

2. Die Rauhigkeitshöhe z_0 ergibt sich aus den universellen Profilen (3)—(5) innerhalb der dynamischen Unterschicht $z < z_D$ ($|z_D/L| \ll 1$), so daß

$$\varphi_u\left(\frac{z}{L}\right) \to \varphi_u(0) = 1/\alpha_u,$$

$$\psi_u\left(\frac{z_2}{L}\right) - \psi_u\left(\frac{z_1}{L}\right) \to \frac{1-\alpha_u}{\alpha_u} \ln\frac{z_2}{z_1} \quad \text{für } z_1, z_2 < z_D,$$

wobei $\alpha_u = K_u/K_m$ für $z/L = 0$ und unter dieser Voraussetzung $K_u = \alpha_u \varkappa v_* z$ ist), indem das logarithmische u-Profil *formal* bis in die Höhe $z_0 > 0$ fortgesetzt wird, in der nach dem logarithmischen Profil der in Wirklichkeit an der Erdoberfläche $z = 0$ anzutreffende Wert $u_0 = u(0)$ erreicht wird, d. h.

$$\frac{u(z) - u(0)}{u_*} = \frac{1}{\alpha_u \varkappa} \ln\frac{z}{z_{0,u}}. \tag{19}$$

(Da in der unmittelbaren Umgebung der Erdoberfläche zwar mit $z \to 0$ auch $K_u \to 0$ ist, aber die molekularen Transportprozesse mit dem Koeffizienten υ_u in der Fluß-Gradient-Beziehung wirksam bleiben, verändert sich $u(z)$ mit Annäherung an die Erdoberfläche langsamer, als dem logarithmischen Profil entspricht.)

Aus

$$F_u = -\varrho u_* v_* = -\varrho(K_u + \upsilon_u)\frac{\partial u}{\partial z} \tag{20}$$

folgt durch Integration und Vergleich mit (19)

$$\frac{1}{\varkappa} \ln\frac{z}{z_{0,u}} = -\frac{\alpha_u F_u}{\varrho u_*} \int_0^z \frac{dz'}{\nu_u + K_u} = \alpha_u v_* \int_0^z \frac{dz'}{\nu_u + K_u} \qquad z < z_D \tag{21}$$

wenn z eine beliebige Höhe $z < z_D$ im Bereich des logarithmischen u-Profils darstellt, für die $\upsilon_u \ll K_u$ vernachlässigbar bleibt und $K_u = \alpha_u \varkappa v_* z$ ist.

Der Parameter $z_{0,u}$ wird damit vom Verlauf des Koeffizienten $K_u(z)$ unterhalb des logarithmischen Profilabschnittes bestimmt, wo der molekulare Transportkoeffizient υ_u nicht mehr vernachlässigt werden kann, ferner von der Schubspannungsgeschwindigkeit v_x und v_* und für eine gegebene Größe u auch von α_u. Damit ist klar, daß z_0 sicher von der Oberflächengestalt abhängt, aber keiner direkten physikalischen Interpretation zugänglich ist, für verschiedene Eigenschaften u unterschiedlich ausfällt und für eine gegebene Eigenschaft nur dann eine lokale Konstante wäre, falls $(K_u + \upsilon_u)/v_*$ im genannten Integrationsintervall $\langle 0, z\rangle$ eine universelle Funktion der Höhe und außerdem α_u eine Konstante darstellte. Gleiches gilt wegen

$$-\frac{F_u}{u(z) - u(0)} = \frac{\alpha_u \varkappa \varrho v_*}{\ln\frac{z}{z_{0,u}}} = \frac{\varrho v_*}{\int_0^z \frac{dz'}{(\nu_u + K_u)/v_*}} \qquad z < z_D \tag{22}$$

auch für den Koeffizienten der „Bulk"-Beziehungen zur Berechnung der turbulenten Flußdichten aus den u-Differenzen zwischen Erdoberfläche und einer Höhe z im Gültigkeitsbereich der logarithmischen Profile in der dynamischen Unterschicht. (22) läßt deutlich die Bedeutung einer genauen Erfassung der molekularen Grenzschicht sowie der darüber gelegenen Zwischenschicht als Übergang zur vollturbulenten Schicht mit $K_u = \alpha_u \varkappa v_* z$ erkennen, wie sie beispielsweise für den Wärmestrom über Wasserflächen aus der Arbeit von FOKEN 1979 erhellt.

3. Die unter 1. genannten Abweichungen von der Annahme höhenkonstanter turbulenter Flußdichten äußern sich bei Bestimmung der Rauhigkeitshöhe z_0 aus einer Formel der Art (19), (21), (22) im logarithmischen Profilbereich bzw., allgemeiner in der Bodenschicht, aus (3), (7), (8) folgend

$$\frac{u(z) - u(0)}{u_*} = \frac{1}{\varkappa}\left[\Phi_u\left(\frac{z}{L}\right) - \Phi_u\left(\frac{z_0}{L}\right)\right] = \frac{1}{\varkappa}\left[\ln\frac{z}{z_0} + \psi_u\left(\frac{z}{L}\right) - \psi_u\left(\frac{z_0}{L}\right)\right] \qquad z < z_B, \tag{23}$$

in unterschiedlichen z_0-Werten für ein und denselben Ort. Insbesondere bedingen die über inhomogener Unterlage in systematischer Weise von der Strömungsrichtung abhängigen advektiven Terme in (12) eine Windrichtungsabhängigkeit der Rauhigkeitshöhe, wie sie z. B. bereits von PETZOLD 1975 für die Wangaradaten, von GERSTMANN 1981 für Daten vom Meßfeld des Meteorologischen Hauptobservatoriums Potsdam auf den Schlaatzwiesen und neuerdings von KORRELL et al. 1982 für das Boulder Atmospheric Observatory gefunden wurde. Das letztgenannte Material zeigt darüber hinaus höhere z_0-Werte für Berechnungen nach Windmessungen in größerer Höhe am Meßturm als in Bodennähe, worin sich die im Abschnitt 3 noch zu erörternde Scale-Abhängigkeit der effektiven Rauhigkeitshöhe äußert: Inhomogenitäten der Unterlage führen zu unregelmäßig verteilten Vertikalbewegungen, die bei flächenhafter Mittelung einen zusätzlichen vertikalen Impulsfluß bedingen, der einen Zuschlag zu der durch zeitliche Mittelung erhaltenen lokalen Schubspannung und damit eine Vergrößerung der effektiven Rauhigkeitshöhe liefert.
4. Abweichungen von der constant flux-Annahme sind neben Meßfehlern wahrscheinlich auch für die noch immer beträchtliche Streuung in den Zahlenangaben über die KÁRMÁNsche Konstante $\varkappa$ verantwortlich, die auch bei modernen experimentellen Untersuchungen noch immer zwischen etwa 0,35 und 0,42 liegen. Möglicherweise stellt aber $\varkappa$ strenggenommen keine Konstante dar, sondern wechselt mit dem Turbulenzregime (z. B. KONDO und SATO 1982).
5. Auf das Problem der Verschiebungshöhe, d. h. der Nullpunktverschiebung zur Beschreibung des Windprofils im Falle höherer Pflanzenbestände oder anderer Hindernisse sei hier nur verwiesen, ebenso auf die Beeinflussung des Turbulenzfeldes durch passiv oder aktiv bewegte Objekte, wie Bäume, Verkehrsmittel u. a.
6. Während über die Struktur der Bodenschicht bei einer oder eventuell mehreren hintereinander angeordneten sprunghaften Änderungen der Rauhigkeitshöhe oder der thermischen Eigenschaften der Unterlage bereits umfangreiche experimentelle und theoretische Untersuchungen vorliegen (z. B. VAGER und NADEŽINA 1979), ist eine geschlossene theoretische Modellierung der Bodenschicht über komplexem Gelände noch nicht einmal konzeptionell in Sicht. An Stelle der sich hinter einem Rauhigkeitssprung ausbildenden internen Grenzschicht und der schichtweise noch logarithmischen Profile ist mit einer Überlagerung zahlreicher solcher Effekte zu rechnen. Die vom Verfasser vor geraumer Zeit erhobene Forderung nach einer Theorie der Grenzschicht über einer Unterlage mit zufällig verteilten Rauhigkeitselementen (stochastisches $z_0(x,y)$-Feld) hat inzwischen auch in WMO-Dokumente (WMO CAS 1980, S. 2) Eingang gefunden.

   Reiches Beobachtungsmaterial über komplexem Terrain wurde in Risø bei Roskilde, Dänemark, gewonnen (z. B. PETERSON et al. 1978, PANOFSKY und ZHOU LEYI 1982).
7. Wiederum nur verwiesen werde auf die Frage der Bodenschicht über windbewegten Wasseroberflächen, in der sich turbulenzbedingte und welleninduzierte Fluktuationen in komplizierter Weise überlagern, so daß die Rauhigkeitshöhe nur eine sehr grobe Charakterisierung des Einflusses der Unterlage darstellt, die außerdem auch von der Vorgeschichte und dem Wind- bzw. Wellenfeld in der Umgebung abhängt.

3. Zur Physik der Oberschicht

Die von KAZANSKIJ und MONIN 1960, 1961 inaugurierte Ausdehnung der Ähnlichkeitstheorie auf die Oberschicht (Ekman layer, outer layer, spiral layer) hat ebenfalls eine Fülle von anschließenden Untersuchungen ausgelöst, aber keinesfalls jene Übereinstimmung, Schlüssigkeit und allgemeine Anerkennung der Ergebnisse hervorgebracht wie im Falle der Bodenschicht. Das liegt nicht nur an dem schwerer zu gewinnenden und daher spärlicher vorliegenden Beobachtungsmaterial, sondern ist im physikalischen Charakter der Oberschicht selbst begründet, die im Mittel etwa 9/10 des Raumes der PGS umfassen dürfte.

Im Gegensatz zur Bodenschicht sind die turbulenten Eigenschaftsflüsse nicht einmal näherungsweise höhenkonstant und in ihrem Verlauf mit der Höhe einander unähnlich: Der turbulente Impulsstrom (Turbulenzreibung) verschwindet im geotriptisch barotropen Fall an der Obergrenze der PGS, der Turbulenzwärmestrom ändert beispielsweise über einer instabilen Bodenschicht noch innerhalb der PGS sogar sein Vorzeichen (vgl. Abb. 2) und ist in seinen Auswirkungen auf das Temperaturfeld im übrigen mit dem Effekt der Strahlungsstromdivergenzen vergleichbar, während die Divergenz des turbulenten Feuchtestromes (bzw. der Flüsse anderer Beimengungen) nur mit Phasenumwandlungen (bzw. auch chemischen Umsetzungen) und zusätzlich — wie die Divergenz aller anderen Eigenschaftsflüsse auch — mit Instationarität sowie horizontalen und vertikalen Transporten durch die großräumige Strömung verknüpft ist.

Eine unter diesem Gesichtspunkt vorgenommene Analyse der Bilanzgleichung (12) zeigt, daß im allgemeinen der Betrag der turbulenten Ströme und — mehr noch — der ihrer Divergenzen in der Oberschicht mit der Höhe ab-, der Betrag der Advektions- und Vertikalbewegungsterme dagegen zunimmt, was die Anwendbarkeit der

Ähnlichkeitstheorie ebenso einschränkt wie der Einfluß der Orographie.

Der letztere kann in Abhängigkeit von Anströmrichtung und Stabilität der Schichtung außerordentlich vielfältig sein; so erstrecken sich Leewirbel und Wirbelstraßen hinter orographischen Hindernissen u. U. über mehrere hundert km. Bereits relativ kleine Störungen in einer sonst regelmäßigen Orographie führen zu erheblichen Abweichungen vom ungestörten Fall; besonders erschwerend fällt diese starke Variabilität in der Ausbreitungsrechnung ins Gewicht. Daß beispielsweise bereits eine Mittelgebirgsorographie noch in beträchtlicher Entfernung von den Gebirgshindernissen das Windrichtungsverhalten so entscheidend prägt, daß der Ablenkungswinkel der Bodenwind- gegenüber der geostrophischen Windrichtung im wesentlichen nur von der Strömungsrichtung abhängt, geht aus der Untersuchung von Lorenzen 1975 hervor.

Der Formelapparat der Ähnlichkeitstheorie für die Oberschicht muß schließlich selbst in den idealisierten Fällen einer stationären, beschleunigungs- (und damit vorticityadvektionsfreien!) Grenzschichtströmung über homogener Unterlage gegenüber ihrer Anwendung auf die Bodenschicht auf jeden Fall noch zusätzlich die Baroklinität, d. h. die Änderung des geostrophischen Windes mit der Höhe, umfassen, womit die entsprechenden universellen Funktionen einer geeignet definierten dimensionslosen Höhe außer von der Stabilität zusätzlich von zwei Baroklinitätsparametern abhängen und damit noch schwerer bestimmbar werden. Die thermische Schichtung (Stabilität) beeinflußt dabei die gesamte Struktur der PGS in einem solchen Maße, daß, wie aus neueren Darstellungen (z. B. McBean et al. 1979, Kapitel 1) hervorgeht, stabil und instabil geschichtete PGS praktisch qualitativ voneinander verschiedene Grenzschichttypen repräsentieren.

Zur Beschreibung der Turbulenz in der PGS stehen in der Reihenfolge zunehmender Vereinfachung im Prinzip

- die numerische Simulation der Turbulenz
- Verfahren zur Schließung zweiter und höherer Ordnung
- halbempirische Ansätze (K-Theorie)

zur Verfügung.

Die numerische Simulation turbulenter Strömungen durch direkte Integration der Navier-Stokesschen Gleichung (s. z. B. Frost und Moulden 1977) besitzt für Raumgebiete mit linearen Abmessungen, die mit der vertikalen Mächtigkeit der PGS vergleichbar sind, nur theoretische Bedeutung. Die Gitterpunktabstände müßten nämlich von der Ordnung des inneren Maßes der Turbulenz $\lambda \approx (\upsilon^3/\varepsilon)^{1/4}$ sein, welches z. B. mit $\upsilon = 15 \times 10^{-6}\ \mathrm{m}^2 \cdot \mathrm{s}^{-1}$ als kinematischer Zähigkeit und einer Energiedissipation $\varepsilon = 5 \cdot 10^{-4}\ \mathrm{W} \cdot \mathrm{m}^{-3}$ 1,6 $\approx$ 2 mm beträgt, also für die Atmosphäre im mm-Bereich liegt. Daher wurde auch in den Pionierarbeiten von Deardorff 1974a, b der Effekt der Mikroturbulenz im Scale-Bereich unterhalb der verwendeten Gitterweite durch ein Schließungsverfahren der Gleichungen für Momente zweiter Ordnung parametrisiert; trotzdem betrug die Rechenzeit für die Simulation eines 24-stündigen Zyklus in einem Quader von 5 × 5 × 2 km Kantenlänge auf einer CDC 7600 350 Stunden (es wurden 64000 Gitterpunkte mit einem Abstand von 50 m in der Vertikalen und 125 m in der Horizontalen sowie 6 s-Zeitabstände verwendet).

Die (halbempirische) Schließung der Gleichungen für Momente zweiter oder höherer Ordnung findet zur Zeit in der PGS-Physik auf unterschiedlichen Niveaus der Vereinfachung Anwendung; eine Übersicht über einige Ansätze und die dabei auftretenden Probleme gibt Fechner 1982. Aus jüngster Zeit sei auf Yamada 1982 verwiesen. Ein endgültiges Urteil über die Vorzüge dieser gegenüber den halbempirischen Ansätzen sehr viel rechenaufwendigeren Verfahren scheint noch verfrüht, jedoch sollte nicht vergessen werden, daß auch jede Schließung von Gleichungen für Momente zweiter und höherer Ordnung letztendlich doch an irgendeiner Stelle einen nur durch Plausibilitätsbetrachtungen begründbaren Ansatz erfordert und somit ein halbempirisches Vorgehen impliziert, welches in der Anwendung auf Momente dritter und höherer Ordnung nicht von vornherein besser fundiert ist als die Approximation der Momente zweiter Ordnung durch die Fluß-Gradient-beziehungen der K-Theorie, ganz zu schweigen von grundsätzlichen Schwierigkeiten und ungelösten Problemen der Schließungsansätze höherer Ordnung (z. B. Wyngaard 1978).

Auf der anderen Seite ist bemerkenswert, daß vereinfachte Schließungsansätze in Gleichungen für Momente zweiter Ordnung (level 1 in der Hierarchie von Schließungsmodellen nach Mellor und Yamada 1974) Zusatzterme liefern, wie wir sie (Bernhardt 1970) bereits vor Jahren aus einer Erweiterung des halbempirischen Austauschansatzes hergeleitet haben. Dies bekräftigt uns in der Auffassung, daß die Möglichkeiten einer Verbesserung der K-Theorie — z. B. durch Berücksichtigung des Tensorcharakters des Austausches und durch besser begründete Mischungswegansätze — noch nicht ausgeschöpft sind. Die Bedeutung rechenaufwendiger Modelle zur Beschreibung turbulenter Strömungen nach Art der zitierten Arbeiten von Deardorff — unabhängig von ihrer Einsetzbarkeit für operative Zwecke — besteht jedenfalls neben dem Erkenntnisgewinn im Sinne vertiefter Einsichten in den Mechanismus der atmosphärischen Turbulenz in der Möglichkeit, einfachere Modelle an ihnen zu testen (anstatt an der Beobachtungswirklichkeit); auch können z. B. Schließungsmodelle höherer Ordnung zur Bestimmung universeller Funktionen der Ähnlichkeitstheorie genutzt werden (s. Yamada 1979).

Das Hauptproblem bei der Anwendung der halbempirischen K-Theorie in der üblicherweise verwendeten skalaren Fassung auf die PGS stellt die realistische Modellierung der Höhenabhängigkeit des Turbulenzkoeffizienten $K = K(z)$ dar, die in der Rangfolge zunehmenden physikalischen Komforts grundsätzlich durch

- ad hoc Ansätze $K = K(z)$
- den Prandtl-Ansatz

$$K = l^2 \left| \frac{\partial v_h}{\partial z} \right| \tag{24}$$

— den KOLMOGOROV-Ansatz

$$K = lb$$

$$b^2 = \frac{\overline{v_x'^2} + \overline{v_y'^2} + \overline{v_z'^2}}{2} \quad (25)$$

erfolgen kann, wobei der „Mischungsweg" l seinerseits aus

— ad hoc Ansätzen $l = l(z)$

— weiteren Gleichungen für $l(z)$

bestimmbar ist.

Wegen entsprechender Zusammenstellungen kann auf WIPPERMANN 1973, MCBEAN et al. 1979 (Kapitel 2) verwiesen werden. Die ad hoc K-Ansätze sind zwar vom theoretisch-physikalischen Standpunkt unbefriedigend, ermöglichen aber eine für viele praktische Zwecke ausreichende näherungsweise Wiedergabe des Windprofils — das gilt besonders für Zweischichtenmodelle mit unterschiedlichen $K(z)$-Ansätzen für Boden- und Oberschicht — und könnten u. E. auch in der Ausbreitungsrechnung verwendet werden. Eine ausführliche Untersuchung mehrerer solcher Ansätze einschließlich umfangreicher numerischer Rechnungen und der Bestimmung von Windprofilparametern, die einen Vergleich mit Beobachtungen gestatten, hat ALBERT 1981 durchgeführt.

Die Bestimmung des Mischungsweges erfolgt seit der bekannten Arbeit von BOBYLEVA, ZILITINKEVIČ und LAJCHTMAN 1965 verbreitet unter Verwendung der Turbulenzenergiegleichung (in modifizierter Form z. B. bei TARNOPOL'SKIJ, ŠNAJDMAN 1979), wobei aber die Verknüpfung des Mischungsweges mit den Termen der Turbulenzenergiegleichung selbst nicht streng begründet ist und bis zu einem gewissen Grade intuitiven Charakter trägt. Praktische Erfahrungen scheinen für eine zu hohe Lage und einen zu hohen Betrag des so erhaltenen K-Maximums in der PGS zu sprechen.

Neben den z. B. in den Monographien von LAJCHTMAN 1970, ZILITINKEVIČ 1970 mitgeteilten Windprofilrechnungen (in der Form des dimensionslosen Winddefektes $(v_x - v_{gx})/v_*$, $(v_y - v_{gy})/v_*$) wurden auch Vergleiche mit gemessenen Windprofilen versucht.

So zeigt Abb. 6 jüngste Beispiele von Winddefektprofilberechnungen nach DU VACHAT und MUSSON-GENON 1982 für drei Werte des Stabilitätsparameters μ, wobei die Autoren den Zusammenhang zwischen Turbulenzkoeffizient und Mischungsweg sowohl nach dem PRANDTLschen Ansatz als auch nach dem KOLMOGOROVschen Ansatz unter Verwendung der Turbulenzenergiegleichung beschreiben und einen gegenüber den Vorschlägen von BOBYLEVA et al. 1965 oder WIPPERMANN 1971 vereinfachten stabilitätsabhängigen Mi-

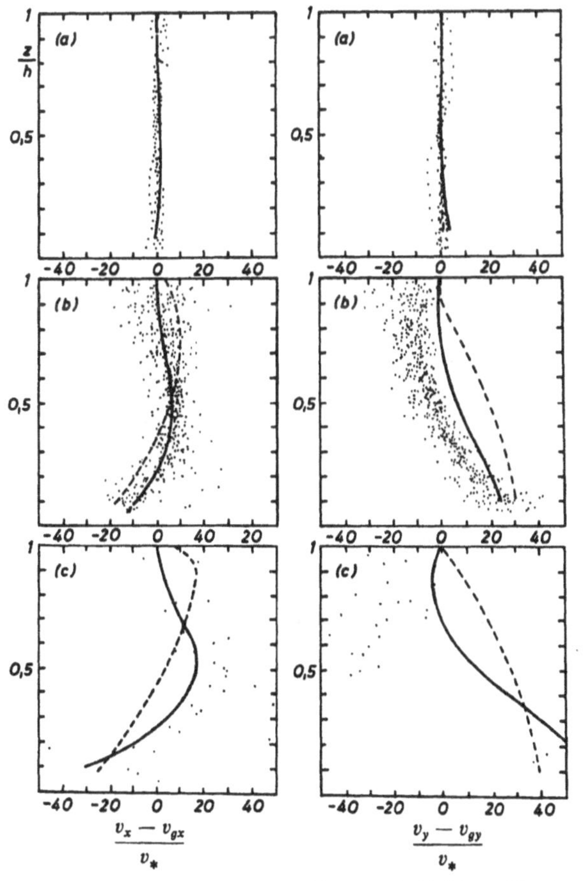

Abb. 6. Dimensionslose geostrophische Winddefektprofile, berechnet für (a) $\mu = -150$, (b) $\mu = 20$, (c) $\mu = 70$ mittels PRANDTL-Ansatz (ausgezogene Kurve) bzw. unter Verwendung der Turbulenzgleichung (gestrichelte Kurve) im Vergleich zu experimentellen Daten von YAMADA (Punkte) nach DU VACHAT und MUSSON-GENON

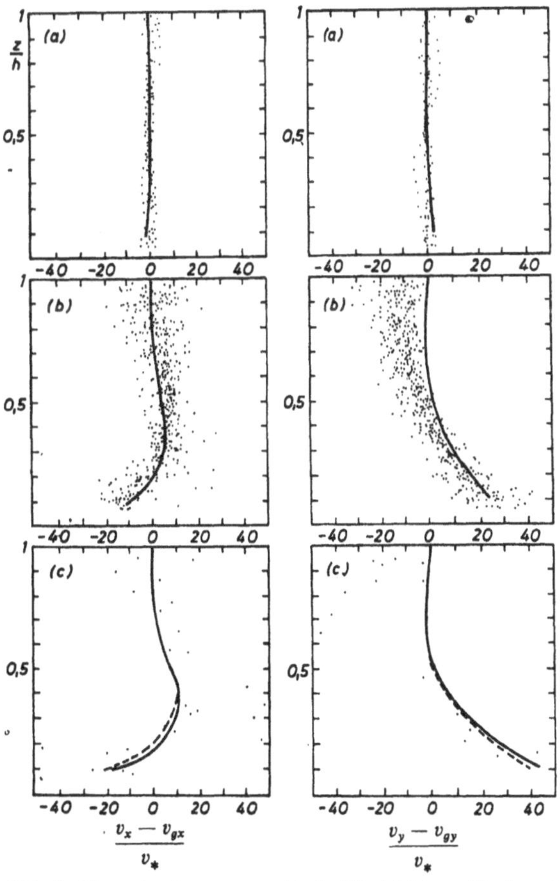

Abb. 7. Dimensionslose geostrophische Winddefektprofile, berechnet für (a) $\mu = -150$, (b) $\mu = 20$, (c) $\mu = 70$ mittels zweier Versionen eines einfachen Zweischichtenmodelles im Vergleich zu experimentellen Daten von YAMADA (Punkte) nach DU VACHAT und MUSSON-GENON

schungswegansatz verwenden; als empirisch gewonnene Vergleichswerte sind Windprofildefektdaten nach Yamada 1976 punktiert eingetragen. Die Übereinstimmung beider Modelle untereinander sowie zwischen diesen und dem Beobachtungsmaterial befriedigt bei stabiler Schichtung und hierbei besonders für die bodenwindsenkrechte Komponente nicht, wofür die Verfasser selbst neben Mängeln des in Verbindung mit der Turbulenzenergiegleichung verwendeten Mischungsweganssatzes vor allem die unrealistische Annahme eines höhenkonstanten Turbulenzwärmestroms verantwortlich machen.

Keine schlechteren bzw. im Vergleich zum Turbulenzenergiemodell sogar deutlich bessere Resultate liefert ein einfaches Zweischichtenmodell mit Monin-Obuchov-Bodenschicht und hohem konstantem Turbulenzkoeffizienten in der Oberschicht (Abb. 7).

Ohne Verwendung der Turbulenzenergiegleichung verknüpft Wippermann 1971 den Mischungsweg über einen relativ komplizierten analytischen Ausdruck (für den sich wiederum höchstens eine intuitive Begründung finden läßt) mit dem inneren Stabilitätsparameter der PGS. Mix 1980, 1982 hat das so entstehende Modell verallgemeinernd auf eine barokline PGS mit höhenabhängigem Stabilitätsparameter, insbesondere mit eingelagerten geneigten Inversionsschichten, angewandt. Vergleiche entsprechender Modellrechnungen mit Beobachtungsdaten wurden allerdings bisher mangels zuverlässiger Daten über Inversionsneigungen nur für Inversionen mit horizontalen Begrenzungsflächen durchgeführt; Abb. 8 zeigt das Meppener Windprofil 24 (Leykauf 1974) im Vergleich mit Berechnungen nach einem Ein- und Mehrschichtmodell (Mix) unter Verwendung des Wippermannschen Mischungsweganssatzes.

Zum Abschluß dieses Abschnittes sei unter ausdrücklichem Hinweis auf die eingangs getroffenen Einschränkungen der Aufbau einer Ähnlichkeitstheorie für die PGS analog zur Bodenschicht (Abschnitt 2) skizziert: Besteht für das Profil $u(z)$ mit der Grenzschichthöhe h Ähnlichkeit in bezug auf die dimensionslose Höhe $\zeta = z/h$, wobei die Stabilität durch den Quotienten h/L ausgedrückt werde,

$$\frac{u(z) - u(h)}{u_*} = X_u\left(\frac{z}{h}, \frac{h}{L}\right) \qquad z_{0,u} \ll z \leqq h, \qquad (26)$$

so folgt

$$\frac{\partial u}{\partial z} = \frac{u_*}{h} \frac{\partial X_u\left(\frac{z}{h}, \frac{h}{L}\right)}{\partial \zeta} = \frac{u_*}{h} \chi_u\left(\frac{z}{h}, \frac{h}{L}\right) \qquad z_{0,u} \ll z \leqq h \qquad (27)$$

und mit der Fluß-Gradientbeziehung für den Turbulenzkoeffizienten

$$K_u = \frac{v_* h}{\chi_u\left(\frac{z}{h}, \frac{h}{L}\right)} \frac{F_u}{F_u(0)}, \qquad (28)$$

so daß im Vergleich zu (4) zusätzlich das Verhältnis der turbulenten Flußdichten in der Bezugshöhe $\zeta = z/h$ und am Boden erscheint. (Zilitinkevich 1975 betrachtet die Profilfunktionen als von den beiden Stabilitätsparametern h/L und $\varkappa v_*/|f|\, L$ abhängig.) Geht man davon aus, daß die dimensionslosen Turbulenzkoeffizienten K_u/hv_* für die einzelnen Eigenschaften u in einem wiederum höchstens von $\zeta = z/h$ und von h/L abhängigen Verhältnis zueinander stehen, so wird das dimensionslose „Defekt"-Profil $(u(z) - u(h))/u_*$ durch das Profil der dimensionslosen Turbulenzkoeffizienten K_u/hv_* und ihrer gegenseitigen Verhältnisse sowie durch das für die einzelnen Eigenschaften ganz unterschiedliche dimensionslose Profil $F_u/F_u(0)$ bestimmt.

Die Beziehungen (26)—(28) involvieren den als „Rossby-Ähnlichkeit" bezeichneten Sachverhalt, daß Eigenschafts- und Turbulenzkoeffizientenprofil nicht explizit von der Rauhigkeitshöhe z_0 bzw. von anderen Rauhigkeitsparametern der Unterlage abhängen; die genannten Ausdrücke können daher nur für den Fall $h/z_0 \gg 1$ und in diesem Rahmen für Höhen $z \gg z_0$ gültig sein.

Wird desungeachtet angenommen, daß für eine gewisse Höhe z^* noch im Bereich der dynamischen Unterschicht (d. h. der logarithmischen Profile (19)) bereits die universelle Darstellung (26) gilt, erhält man die als Widerstandsgesetz bezeichnete Bulk-Beziehung für die PGS

$$\frac{u_*}{u(h) - u(0)} = \frac{\alpha_u \varkappa}{\ln \frac{h}{z_{0,u}} - \left[\alpha_u \varkappa X_u\left(\frac{z^*}{h}, \frac{h}{L}\right) - \ln \frac{z^*}{h}\right]} = \frac{\alpha_u \varkappa}{\ln \frac{h}{z_{0,u}} - c_u\left(\frac{h}{L}\right)}, \qquad (29)$$

sofern — was wiederum keineswegs trivial ist! — ein z^* in Abhängigkeit von h immer so gewählt werden kann, daß bei gleichzeitiger Gültigkeit des logarithmischen Profils der Bodenschicht und des Rossby-ähnlichen Profils der Oberschicht z^*/h konstant bleibt.

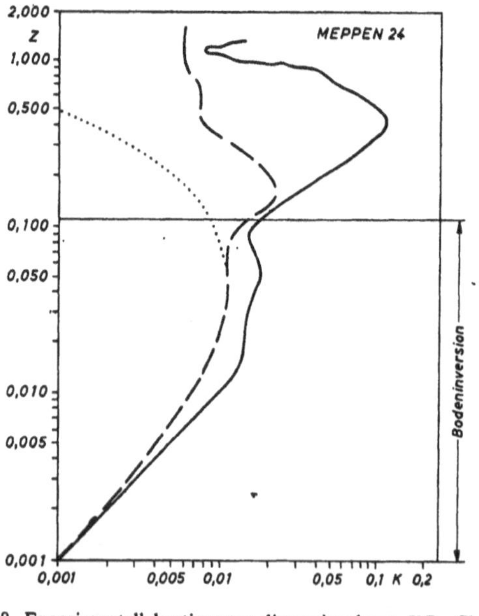

Abb. 8. Experimentell bestimmtes dimensionsloses K-Profil nach Leykauf (ausgezogene Kurve) für das Meppener Windprofil Nr. 24 im Vergleich zu Modellrechnungen nach Mix (persönliche Mitteilung) auf der Grundlage des Wippermannschen Mischungsweganssatzes in einem Mehrschichten- (gestrichelte Kurve) und einem Einschichtenmodell (punktierte Kurve)

Die Besonderheit des Geschwindigkeitsprofils ($u = (v_x, v_y)$) in der Darstellung (26)—(28) besteht darin, daß bekanntlich die Ableitung des turbulenten Impulsstromes nach der Höhe mit der reibungsbedingt-ageostrophischen Windabweichung selbst verknüpft ist. Beschränken wir uns der Einfachheit halber auf den barotropen Fall mit geostrophischer Strömung an der Obergrenze der PGS, so wird mit bodenwindparalleler Orientierung der x-Achse, der gegenüber der geostrophische Wind um den Winkel α (auf der Nordhalbkugel in der Regel negativ) abweicht, zunächst

$$\left.\begin{aligned} \frac{v_x - v_g \cos\alpha}{v_*} &= \frac{1}{\varrho f v_*}\frac{\partial \tau_y}{\partial z} = X_x\left(\frac{z}{h}, \frac{h}{L}\right) \\ \frac{v_y - v_g \sin\alpha}{v_*} &= -\frac{1}{\varrho f v_*}\frac{\partial \tau_x}{\partial z} = \frac{f}{|f|} X_y\left(\frac{z}{h}, \frac{h}{L}\right) \end{aligned}\right\} z_0 \ll z \leqq h \tag{30}$$

und

$$\left.\begin{aligned} \frac{\tau_x}{\varrho v_* h |f|} &= \int_{z/h}^{1} X_y\left(\zeta, \frac{h}{L}\right) \mathrm{d}\zeta = \Omega_y\left(\frac{z}{h}, \frac{h}{L}\right) \\ \frac{\tau_y}{\varrho v_* h f} &= -\int_{z/h}^{1} X_x\left(\zeta, \frac{h}{L}\right) \mathrm{d}\zeta = -\Omega_x\left(\frac{z}{h}, \frac{h}{L}\right) \end{aligned}\right\} z_0 \ll z \leqq h \tag{31}$$

sowie

$$K_m = h^2 |f| \frac{\Omega_y\left(\frac{z}{h}, \frac{h}{L}\right)}{\chi_x\left(\frac{z}{h}, \frac{h}{L}\right)} = -h^2 |f| \frac{\Omega_x\left(\frac{z}{h}, \frac{h}{L}\right)}{\chi_y\left(\frac{z}{h}, \frac{h}{L}\right)}, \tag{32}$$

wobei $\varkappa_x$, $\varkappa_y$ analog zu (27) wieder die partiellen Ableitungen der dimensionslosen Funktionen X_x bzw. X_y nach der dimensionslosen Höhe darstellen.[2])

Bemerkenswerterweise ist nach (32) der Turbulenzkoeffizient für Impuls als Funktion der dimensionslosen Höhe z/h und des Stabilitäsparameters h/L für gegebene Werte der Argumente dem Quadrat der Grenzschichtmächtigkeit h^2 proportional — das ist im Prinzip die gleiche Abhängigkeit wie im Falle der EKMAN-Spirale, obgleich diese, dimensionslos geschrieben, den äußeren Parameter v_g statt des inneren Parameters v_* als Divisor im Quotienten für den dimensionslosen Geschwindigkeitsdefekt enthält. In der Tat ist das Ergebnis (32) von der speziellen Wahl von v_* unabhängig!

Gilt (31) zumindest noch in dem Bereich der PGS, in dem hinreichend genau $\tau_y = 0$, $\tau_x = \tau_x(0) = \varrho v_*^2$ (Bodenschicht!), angenommen werden kann, so folgt

$$v_* = h |f| \Omega_y\left(\frac{z}{h}, \frac{h}{L}\right) \qquad z_0 \ll z \leqq z_B \tag{33}$$

und damit als Höhenmaßstab zwangsläufig

$$h = \varkappa \frac{v_*}{|f|} f(\mu) \tag{34}$$

mit

$$\mu = \frac{h}{L} = \frac{\varkappa v_*}{|f| L} = -\varkappa^2 \frac{g}{T} \frac{H_{(0)}}{\varrho c_p} \frac{1}{|f| v_*^2} \tag{35}$$

(die KÁRMÁNsche Konstante wird in (34) nur im Interesse der Übereinstimmung mit der einschlägigen Literatur eingeführt). Die Verwendung der „wahren" oder „beobachteten" Grenzschichthöhe h als unabhängiger Parameter — gewöhnlich mit der Vorstellung begründet, auf diesem Wege Inhomogenitäts-, Instationaritäts-, Beschleunigungs- und weitere in der Ähnlichkeitstheorie nicht enthaltene Effekte implizit mit berücksichtigen zu können — erscheint unter diesen Umständen von zweifelhaftem Wert.

Als Widerstandsgesetze resultieren bei Gültigkeit der zweiten Beziehung (30) bis in den Raum der Bodenschicht, wie bekannt,

$$\frac{v_g}{v_*} \sin\alpha = -\frac{f}{|f|} X_y\left(\frac{z}{h}, \frac{h}{L}\right) = -\frac{a(h/L)}{\varkappa} \frac{f}{|f|} \qquad z \leqq z_B, \tag{36}$$

bei Gültigkeit der ersten Beziehung (30) noch im Gebiet des logarithmischen Geschwindigkeitsprofiles (was u. E. eine einschneidendere Förderung ist!) für eine Höhe z^* analog zu (29)

$$\begin{aligned} \frac{v_g}{v_*} &= \frac{1}{\varkappa} \sqrt{\left[\ln \frac{h}{z_0} - \varkappa X_y\left(\frac{z^*}{h}, \frac{h}{L}\right) + \ln \frac{z^*}{h}\right]^2 + a^2\left(\frac{h}{L}\right)} \\ &= \frac{1}{\varkappa} \sqrt{\left[\ln \frac{h}{z_0} - b\left(\frac{h}{L}\right)\right]^2 + a^2\left(\frac{h}{L}\right)}. \end{aligned} \tag{37}$$

Mit h nach (34) erhält man die Widerstandsgesetze in der geläufigen Form

$$\begin{aligned} \frac{v_g}{v_*} \sin\alpha &= -\frac{A(\mu)}{\varkappa} \frac{f}{|f|}, \\ \ln \frac{v_g}{|f| z_0} + \ln \frac{v_*}{v_g} &= B(\mu) + \sqrt{\frac{\varkappa^2 v_g^2}{v_*^2} - A^2(\mu)}. \end{aligned} \tag{38}$$

Die große Streuung der aus verschiedenen Beobachtungsexperimenten abgeleiteten Funktionsverläufe $A(\mu)$, $B(\mu)$ (in den letzten Jahren MELGAREJO und DEARDORFF 1974a, b, ARYA 1975, ZILITINKEVICH 1975, YAMADA 1976), ja sogar der A- und B-Werte für neutrale Schichtung ($\mu = 0$) z. B. bei WIPPERMANN 1970, resultiert wohl nicht nur aus Beogbachtungsungenauigkeiten, sondern widerspiegelt vermutlich auch die nur näherungsweise Erfüllung der zur Ableitung der Widerstandsgesetze (s. o.) notwendigen Voraussetzungen.

Auch neueste Modellrechnungen (DU VACHAT und MUSSON-GENON a. a. O.) der Funktionsverläufe $A(\mu)$, $B(\mu)$ mit Anpassung an empirische Daten nach ARYA, YAMADA und ZILITINKEVIČ zeigen besonders für stabile Schichtung nach wie vor erhebliche Diskrepanzen (Abb. 9). Desungeachtet werden verschiedenartige Ansätze zur Verallgemeinerung der Widerstandsgesetze unternommen, z. B. für die barokline PGS (WIPPERMANN 1972, YORDANOV und WIPPERMANN 1972, JORDANOV 1974, JORDANOV et al. 1978a, b), die PGS über geneigter Unterlage (GUTMAN und MELGAREJO 1981, MELGAREJO 1981

[2]) Im geotriptischen Windfeld würde also die vertikale Verteilung des (dimensionslosen) Winddefektes und Turbulenzkoeffizienten tatsächlich durch eine einzige universelle Funktion (Ω_x, Ω_y) und deren zweite Ableitungen eindeutig bestimmt ($\chi_x = \partial^2\Omega_x/\partial\xi^2$, $\chi_y = \partial^2\Omega_y/\partial\xi^2$).

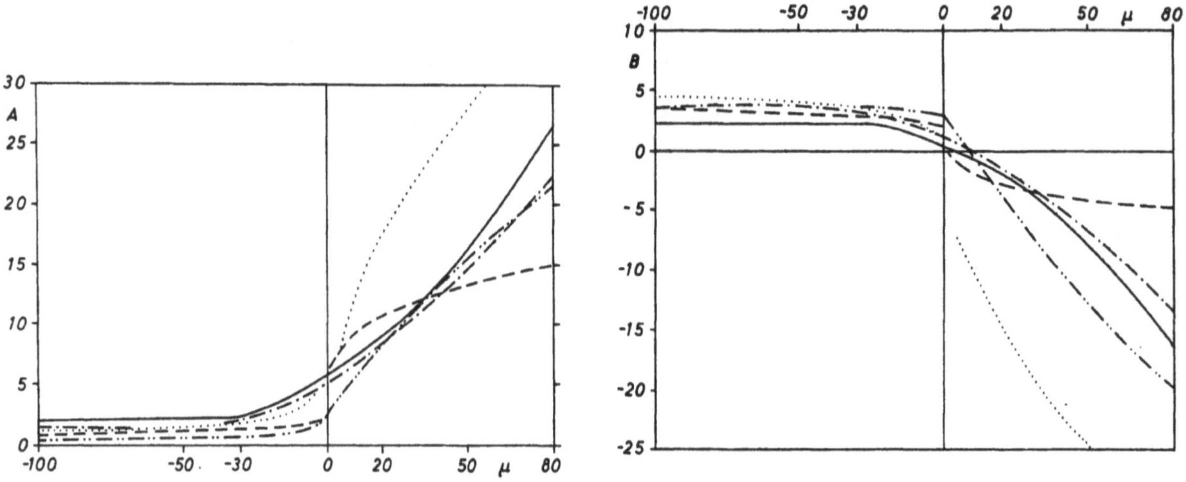

Abb. 9. Funktionen $A(\mu)$ und $B(\mu)$ des Widerstandsgesetzes, berechnet mittels Prandtl-Ansatz (ausgezogene Kurven) bzw. unter Verwendung der Turbulenzenergiegleichung (gestrichelte Kurven) im Vergleich zur Anpassung an experimentelle Daten, bearbeitet von Arya (·—·), Yamada (··—··) und Zilitinkevič (······) nach du Vachat und Musson-Genon

mit weiteren Literaturhinweisen, wie auch bei McBean et al. 1979, Abschnitt 2.3) und über gewelltem Gelände (Jaňour 1977) oder die instationäre PGS über inhomogener Unterlage (Lajchtman, Jordanov 1979, Laikhtman, Yordanov 1979, Yordanov 1980, Jaňour und Yordanov 1981).

Angesichts der unter realen Atmosphären- und Untergrundbedingungen ohnedies nur approximativen Gültigkeit der Ähnlichkeitsansätze für die PGS erscheint andererseits auch die praktisch handhabbare Bearbeitung gemessener Windprofile unter Verwendung äußerer Parameter — z. B. der geostrophischen Windgeschwindigkeit anstelle der Schubspannungsgeschwindigkeit und einer in geeigneter Weise definierten „beobachteten" PGS-Höhe — vertretbar, obgleich die so gewonnenen Profilfunktionen vom theoretischen Standpunkt nicht universell sind (Beispiele bei Bernhardt, Klose, Pethe 1982, Handschack 1982 u. a.).

Als wichtigste Probleme in der Theorie der PGS erscheinen derzeit (vgl. auch WMO 1979, McBean 1982):

1. Die Beschreibung der PGS über inhomogener Unterlage mit der dabei zutage tretenden Scale-Abhängigkeit der turbulenten Flüsse bzw. der Bulk-Transportkoeffizienten, wie sie erstmalig mit dem Konzept der effektiven Rauhigkeitshöhe von Fiedler und Panofsky 1972 umrissen wurde (vgl. dazu auch Albert et al. 1982 mit weiteren Literaturhinweisen). Im Zusammenhang damit ergeben sich aus der Analyse der Strömung in der gesamten PGS — etwa nach der ageostrophischen Methode — systematisch höhere Werte des geostrophischen Spannungskoeffizienten als aus mikrometeorologischen Profilmessungen, wie bereits Petzold 1975 für das Wangara-Beobachtungsmaterial demonstrierte; einen ersten Ansatz zur Erklärung dieses Effektes hat Wippermann 1978 vorgeschlagen. Auch zeigen die nach der ageostrophischen Methode berechneten Werte des geostrophischen Spannungskoeffizienten nur eine relativ geringe Abhängigkeit von der Stabilität (z. B. Bernhardt 1973, 1975).

   Mit einem zusätzlichen „form drag" ist sowohl über bewegten Wasserflächen und den unter dem Gesichtspunkt der Simulation der allgemeinen Zirkulation für Zwecke der Klimamodellierung und -prognose besonders interessierenden Packeisfeldern, offenbar aber auch über bebautem, bewachsenem und gegliedertem Gelände — besonders in Gebirgsregionen — zu rechnen. Die maritime Grenzschicht erfordert besonders unter Sturmbedingungen weitere Untersuchung, vor allem in Hinblick auf die unter solchen Verhältnissen sehr intensiven Energieaustauschvorgänge mit der Meeresoberfläche.
2. Die Bedeutung der Strahlungsprozesse für die Grundschicht — übrigens schon von Schneider-Carius 1953 auf Grund älterer Beobachtungen und Rechnungen, wenn auch mehr nur intuitiv, erkannt und qualitativ erläutert — ist spätestens seit den CAENEX-Experimenten offenkundig geworden. Das betrifft sowohl den unteren Teil der konvektiven PGS und die Sc-Decken unterhalb der „capping inversion" (Peplopause) mit der durch Strahlungsabkühlung im oberen Teil der Wolkenschicht unterhaltenen Labilisierung und thermisch-konvektiven Turbulenz, als auch die insgesamt noch am wenigsten verstandene stark stabil geschichtete PGS über kalter Unterlage, d. h. über dem Festland während der Nachtstunden und in den Polargebieten. Dieser PGS-Typ mit häufiger Schwerewellenaktivität und zeitweise einsetzender Turbulenz, mit u. U. starken vertikalen Windscherungen und freistrahlähnlichen Windphänomenen (low level jet) bei niedriger oder sogar verschwindender Windgeschwindigkeit und stagnierender Luft nahe der Erdoberfläche ist für Ausbreitungsvorgänge von besonderer Bedeutung, läßt aber die Grenzen der Ähnlichkeitstheorie in ihrer Anwendung auf die PGS besonders deutlich erkennen.

   Die Strahlungsprozesse setzen jedoch auch der Anwendung der Ähnlichkeitstheorie auf andere PGS-Typen Grenzen — wird doch die Divergenz der kurz- und langwelligen Strahlungsflüsse nicht nur von der evtl. als grenzschichtintern darstellbaren Temperatur-

und Wasserdampfverteilung, sondern auch von Wolkenelementen und Spurengasen sowie von der Verteilung und den optischen Eigenschaften des Aerosols bestimmt, also von externen Parametern, deren Charakteristika u. U. sogar von meteorologischen Prozessen in großer Entfernung abhängen, wenn wir etwa an die Saharastaubausbrüche über dem Atlantik denken.

Für ein Modell der seit Jahrzehnten vielfach untersuchten Passatgrundschicht zeigen beispielsweise Schaller und Kraus 1981, innerhalb wie weiter Grenzen Inversions(Peplopausen)höhe und turbulenter Energiefluß für verschiedene, durchaus realistische Annahmen über die Strahlungsflußdivergenz schwanken können.

3. In engem Zusammenhang mit den unter 2. skizzierten Effekten steht die Wechselwirkung der Grundschicht mit der Bewölkung, deren Auftreten den Zustand der Grundschicht und ihre Dynamik drastisch verändert.

Während stratiforme Bewölkung (St, Sc bzw. auch die tiefen St fra- und Cu fra-Schichten) primär den Strahlungs- und Wärmehaushalt, damit aber Schichtung und Turbulenzregime beeinflussen, kennzeichnet konvektive Bewölkung eine mehr oder minder hochreichende Durchmischung, die im Falle der Bildung von Cu con und Cb größere Teile der Troposphäre oder sogar die gesamte Troposphäre erfaßt.

Die unter solchen Umständen einsetzende intensive Wechselwirkung zwischen Erdoberfläche/Grundschicht und freier Atmosphäre sei an einer Darstellung des Wasserkreislaufs über den östlichen und mittleren USA im Juli (nach Mintz 1981) demonstriert (Abb. 10).

Die durch konvektive Mischung und Cu-Konvektion vermittelte Wechselwirkung zwischen Grundschicht und freier Atmosphäre im Inversions-(Peplopausen-)bereich ist seit den bekannten Ansätzen von Bull und Lilly Gegenstand zahlreicher Untersuchungen, unter denen hier aus den letzten Jahren nur die wertvollen Beobachtungsstudien von Mahrt 1979 sowie Palmer et al. 1979 hervorgehoben werden sollen. Desungeachtet bedarf insbesondere die Struktur der durch penetrierende Konvektion und Schwerewellen gestörten und von Inhomogenitäten der Unterlage beeinflußten Peplopause noch weiterer Untersuchung, darunter auch in Hinblick auf die Entstehung hochwetterwirksamer konvektiver Systeme (Schauer und Gewitter, „severe storms").

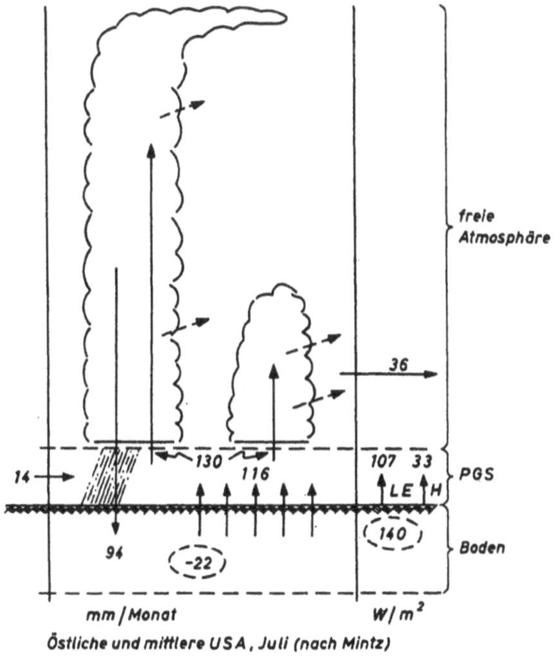

Abb. 10. Wasserbilanz für die östlichen und mittleren USA im Juli sowie entsprechende Werte des latenten (*LE*) und fühlbaren Wärmestromes (*H*) nach Mintz

4. Grundschicht und Modellierung der atmosphärischen Dynamik

Welche Rolle spielt die Grundschicht in der Modellierung der atmosphärischen Dynamik für Zwecke der Wettervorhersage, der Klimamodellierung und -prognose, der Ausbreitungsrechnung und der Erfassung atmosphärischer Ressourcen?

In der numerischen Wettervorhersage erfordern im Grundschichtbereich vor allem die Effekte der Turbulenzreibung (des turbulenten Impulstransportes), besonders für längere Integrationszeiträume auch die Effekte des fühlbaren und latenten Wärmestromes sowie der Strahlungsströme, Berücksichtigung, für bestimmte synoptische Phänomene möglicherweise auch die Schwerewellenaktivität.

In den Zusammenstellungen von Miyakoda 1975 und Robert 1976, die für kurzfristige numerische Prognosen in der 500-hPa-Fläche mittels eines seitlich berandeten operativen 6-Flächen-Modells über Nordamerika bzw. mittels eines Hemisphärenmodells eine Rangfolge von Maßnahmen zur Verminderung der Vorhersagefehler enthalten, steht die verbesserte PGS-Modellierung hinter der Verbesserung der Datengewinnung und der numerischen Integration (verminderte Gitterweite, genauere Anfangsdaten, adäquat gewählte seitliche Randbedingungen) mit an vorderer Stelle in der Rangfolge physikalischer Effekte, von deren Einbeziehung in die Prognosemodelle eine Verbesserung der Vorhersageergebnisse erwartet wird.

Betrachtet man Datengewinnung und -initialisierung, Modellierung, numerische Integration und Interpretation des Vorhersageergebnisses als die vier Hauptprobleme der numerischen Wettervorhersage, so erfordern hinsichtlich des ersten Problems besonders mesometeorologische Modelle — und hier vor allem Modelle für Kürzestfristvorhersagen („nowcasting") im Meso-β- und -γ-Bereich im Sinne von Orlanski 1975 — eine Bereitstellung von Grundschichtdaten zur operativen Verwendung in hoher raumzeitlicher Auflösung, wie sie im wesentlichen durch indirekte Sondierungsverfahren (vgl. Abschnitt 1) gewonnen werden können.

Die Berücksichtigung von Grenzschichtprozessen in den Prognosemodellen wird von der angestrebten Vorhersagedauer, der horizontalen und vertikalen Auflösung des Modells und — nicht zuletzt — von Rechengeschwin-

Tabelle 2
Zur Berücksichtigung von Grenzschichteffekten bei der Modellierung der atmosphärischen Dynamik für verschiedenartige Aufgabenstellungen

Aufgabestellung	PGS — relevante Erscheinungen	Lösungsansatz
Numerische Wettervorhersage		
— Initialisierung	Anfangsdaten (u. a. mesosynoptische Modelle, Kürzestfristvorhersage)	Datengewinnung (u. a. indirekte Sondierung)
— Modellierung	Turbulente Flüsse (Impuls, fühlbare und latente Wärme) Strahlungsflüsse	Parametrisierung der Flüsse oder ihrer integralen Effekte für die gesamte PGS
— Interpretation	Bodenwerte (u. a. Wind) Vertikale Profile Vertikalbewegungen Schwerewellen	Modellierung der Profile, Vertikalbewegungen und Bodenwerte (integral oder 1-, 2-, 3-dimensional) Schwerewellenparametrisierung
Klimamodellierung und -prognose		
— Vorhersage 1. Art (Jahreszeiten, Jahre)	Meeresoberflächentemperatur Bodenfeuchte Meereis Schneedecke	Parametrisierung des Einflusses auf die oder der Wechselwirkung mit der PGS
— Vorhersage 2. Art (historische Zeiträume)	Veränderte Oberflächenbeschaffenheit, CO_2-, Spurenstoff- und Aerosolkonzentration	Parametrisierung des Einflusses bzw. der Wechselwirkung veränderter Unterlage mit der PGS bei veränderter Zusammensetzung der Atmosphäre
— Vorhersage 2. Art (geologische Zeiträume)	Veränderte Inlandeisausdehnung, Land-Meer-Verteilung, Orographie und Zusammensetzung der Atmosphäre	
Ausbreitungsrechnung		
— Statistische Modelle (Kurzstreckentransport)	Windprofile, Dispersionen, Inversionsgrenzen	Windprofilmodellierung, Parametrisierung der Dispersionen, Bestimmung der Inversionslage
— Dynamische Modelle	Wind-, Temperatur- und K-Profile, Horizontalaustausch, Konvektion, chem. Reaktionen	Modellierung der Profile, Parametrisierung des Horizontalaustausches und der Konvektion, reaktionskinetische Modellierung
Ressourcenerkundung		
— Windenergie	Standortbezogene Windprofile und Turbulenzcharakteristika	Windprofilmodellierung über gegliedertem Gelände, Feldexperimente
— Sonnenenergie	Standortbezogene Trübungs- und Bewölkungsverhältnisse	Strahlungsmessungen und -berechnungen

digkeit und Speicherkapazität der verfügbaren EDVA bestimmt. Liegt bei Modellen mit geringer vertikaler Auflösung gar kein Rechenniveau innerhalb der PGS, so kann deren Einfluß nur als Ganzes berücksichtigt werden. Dies kann für den Raum zwischen Erdoberfläche und unterster Integrationsfläche (etwa im Bereich der 850- oder 900-hPa-Fläche) mittels einer Beziehung nach Art der Widerstandsgesetze (vgl. Abschnitt 3) geschehen, was in bezug auf die Bodenwerte für die Windgeschwindigkeit (wegen $v(z) \to 0$ für $z \to 0$) unproblematisch ist, für Temperatur und Feuchte aber die Vorgabe von Bodenwerten erfordert, um unter Berücksichtigung der Stabilität und der für den Raum der PGS-Obergrenze berechneten Wind-, Temperatur- und Feuchtewerte den Impulsfluß (Turbulenzreibungseffekte) sowie den fühlbaren und latenten Wärmefluß in die Atmosphäre berechnen zu können.

Zur Berücksichtigung der Turbulenzreibung wurde von uns ein integrales PGS-Modell entwickelt und erprobt (zusammenfassende Darstellung bei Albert, Bernhardt und Vogler 1982), welches auf der Grundlage der quasigeotriptischen Approximation reibungs- und beschleunigungsbedingte großräumige Vertikalbewegungen an der PGS-Obergrenze zu berechnen gestattet, die den hauptsächlichen Effekt der Turbulenzreibung in der PGS auf die großräumige atmosphärische Dynamik verkörpern. Dabei gelang es, die Turbulenzreibungseffekte in der PGS ohne irgendwelche einschränkenden Annahmen über das vertikale Windprofil oder einen K-Ansatz im wesentlichen auf die Bodenschubspannung zurückzuführen, die dann allerdings nach Betrag und Richtung besonders sorgfältig parametrisiert werden muß.

Der geotriptische Grundansatz des PGS-Modelles wird auch in dem von Enke und Meyer entwickelten gefilterten 5-Parametermodell verwendet, das im Herbst 1977 als subsynoptisches Regionalmodell an der Zentralen Wetterdienststelle des MD der DDR in den Routinebetrieb übernommen wurde (vgl. Damrath und Meyer 1979, Damrath 1980); die Autoren definieren in ihrem zunächst in allgemeiner Form aufgestellten N-Parametermodell einen „pseudogeotriptischen" Wind als Summe aus einem reibungsfreien solenoidalen Wind und einem auf die PGS beschränkten Reibungsanteil, der in der 5-Parameter-Version für die 1000-hPa-Fläche angesetzt wird.

Liegt zumindest eine Integrationsfläche innerhalb der PGS selbst, kann diese im Prinzip an die Obergrenze der Bodenschicht (oder in das Anemometerniveau) verlegt werden, so daß die turbulenten Flüsse in die Atmosphäre durch die Monin-Obuchovsche Theorie beschreibbar sind — allerdings unter der Voraussetzung, daß die Bodenwerte vorgegeben (Meeresoberflächentemperatur) oder durch das Modell geliefert werden (Erdbodentemperatur durch Lösung der Wärmehaushaltsgleichung). Das Hauptproblem bei diesem Vorgehen besteht jedoch in der Vorgabe der Werte (Wind, Temperatur und Feuchte) an der Obergrenze der Bodenschicht durch Extrapolation „von oben", d. h. aus Werten an der Obergrenze der PGS, was Annahmen über die Struktur der Oberschicht voraussetzt. Diese kann besonders bei Vorhandensein mehrerer Integrationsniveaus durch einen geeigneten K-Ansatz beschrieben werden.

Physikalisch anspruchsvolle K-Ansätze etwa nach Art des WIPPERMANN-Ansatzes oder Ansätze auf der Grundlage der Turbulenzenergiegleichung und erst recht Schließungsansätze höherer Ordnung sind wegen der großen Anzahl benötigter Stützstellen in operativ eingesetzten Vorhersagemodellen nicht verwendbar, wohl aber in Modellen zur dynamischen Interpretation — als Prototyp sei das Modell von BODIN 1979 genannt — sowie bei der Simulation der allgemeinen Zirkulation der Atmosphäre; einen Überblick über Modelle der letztgenannten Art findet man in GARP Publ. Ser. 22 (1979). Andererseits sind neben Interpretationsmodellen zur Vorhersage der vertikalen PGS-Struktur auch einfache Modelle zur Vorhersage des Bodenwindfeldes unter dem Einfluß von Orographie, Turbulenzreibung und Wärmequellen (DANARD 1977) im Gebrauch, die nur Angaben über Bodenreibungsparameter benötigen, deren Bestimmung (z. B. KLOSE 1982) auch unter diesem Gesichtspunkt nach wie vor aktuell bleibt.

Die systematische Erprobung unterschiedlicher Ansätze zur Berücksichtigung von PGS-Effekten, wie von DELSOL et al. 1971, EVERSON und DAVIES 1972, FISCHER et al. 1973, BOYE 1974, HEISE 1975, FISCHER 1976, HOLLINGSWORTH et al. 1977, MIYAKODA et al. 1977, DOBOSY und SOMMERVILLE 1979, LOUIS 1979a, b, SMEDA 1979 u. a. in Modellen der numerischen Wettervorhersage bzw. zur Simulation der allgemeinen Zirkulation vorgenommen, bleibt fortzusetzen.

Von fundamentaler Bedeutung ist die Grundschichtmodellierung in der langfristigen Wetter- und der Klimavorhersage mittels dreidimensionaler dynamischer Modelle: Anomalien der Meeresoberflächentemperatur („SST"), Bodenfeuchte, Meereisbedeckung sowie die Schneedeckenverteilung auf dem Festland als hauptsächliche Antriebsmechanismen für die Variabilität der Witterung im Bereich von Monaten bis Jahren (z. B. MIYAKODA 1982) wirken über die Grundschicht auf die Atmosphäre, wobei die genannten Parameter bei Vorhersagen für Monate und Jahreszeiten vielleicht als Funktion von Ort und Zeit vorgegeben werden können, während die Prognose der interannuellen Variationen auf jeden Fall eine Modellierung der Wechselwirkung mit der Atmosphäre unter Vermittlung durch die Grundschicht erfordert. Auch die für das Klima grundlegende Bewölkungs-Aerosol-Strahlungswechselwirkung vollzieht sich zu einem erheblichen Teil in der bzw. durch die Grundschicht. In Klimavorhersagen zweiter Art sind dabei u. a. veränderte CO_2-, Spurenstoff- und Aerosolkonzentrationen zu berücksichtigen, bei Ausdehnung auf geologische Zeiträume (wie auch bei Rekonstruktionsversuchen des Paläoklimas) darüber hinaus Änderungen der Land-Meerverteilung sowie der Orographie und Bedekkung der Erdoberfläche.

Die Rolle der PGS-Modellierung in der Ausbreitungsrechnung ist so umfassend, daß auf Spezialdarstellungen (z. B. WMO 1978, BERLJAND 1975, BERLYAND et al. 1982) und einige neuere Einzelveröffentlichungen (z. B. DUNST 1980, ROLLE und RENNER 1979) grundsätzlichen Charakters sowie auf die unsere Übersicht abschließende Tabelle 2 verwiesen werden muß, in die schließlich auch der Aspekt der Ressourcenrechnung aufgenommen wurde.

Literatur

ALBERT, H.-F.: Über ad hoc-Ansätze für den Turbulenzkoeffizienten zur Berechnung des Windprofils in der Planetarischen Grenzschicht. Diss. (A), Berlin (1981), 125 S., unveröff.

ALBERT, H.-F., BERNHARDT, K., VOGLER, P.: Ein quasigeotriptisches integrales Grenzschichtmodell. Abh. Meteor. Dienst DDR **17** (1982) 128, 7—29.

ARYA, S. P. S.: Geostrophic drag and heat transfer relations for the atmospheric boundary layer. Quart. J. Roy. Meteor. Soc. **101** (1975), 147—161.

ASSMANN, R., BERSON, A. (Hrsg.): Wissenschaftliche Luftfahrten. Braunschweig, Bd. 1 (1899), 150 S., 2 (1900), 706 S., 3 (1900), 313 S.

BERLJAND, M. E.: Sovremennye problemy atmosfernoj diffuzii i zagrjaznenija vozducha. Gidrometeoizdat, Leningrad 1975, 448 S. Deutsch u. d. T. „Moderne Probleme der atmosphärischen Diffusion und der Verschmutzung der Atmosphäre", Akademie-Verlag, Berlin 1982.

BERLYAND, M. E. (ed.): Meteorological aspects of air pollution. Reports delivered at the International Symposium in Leningrad, March 1977. Moscow Branch of the State Publishing House 1982, Vol. 1—3.

BERNHARDT, K.: Neuere Untersuchungen am Geophysikalischen Institut der Karl-Marx-Universität zur Physik der troposphärischen Grundschicht. Wiss. Z. K.-Marx-Univ. Leipzig, math.-nat. Reihe **16** (1967), 563—587.

BERNHARDT, K.: Probleme des Wärmehaushaltes der troposphärischen Grundschicht und seine Beziehungen zur atmosphärischen Dynamik. 75 Jahre Meteorologisches Observatorium Potsdam 1892—1967, (1969), 54—75.

BERNHARDT, K.: Eine Erweiterung des halbempirischen Austauschansatzes. Gerl. Beitr. Geophys. **79** (1970), 345—362.

BERNHARDT, K.: Nochmals zur Definition des Turbulenzwärmestroms in der Wärmehaushaltsgleichung der Atmosphäre. Z. Meteor. **23** (1972), 65—75.

BERNHARDT, K.: Zur Parametrisierung von Turbulenzreibungseffekten in der planetarischen Grenzschicht. Gerl. Beitr. Geophys. **82** (1973), 291—298.

BERNHARDT, K.: Die Entropiebilanz des atmosphärischen Turbulenzwärmestroms. Z. Meteor. **74** (1974), 106—112.

BERNHARDT, K.: Some characteristics of the dynamic air-surface interaction in Central Europe. Z. Meteor. **25** (1975a), 63—68.

BERNHARDT, K.: Die Änderung der turbulenten Schubspannung

in einer horizontal homogenen Bodenschicht mit der Höhe. Z. Meteor. **25** (1975b), 170—179.

Bernhardt, K., Helbig, A.: Zur Klimatologie niedertroposphärischer Inversionen über dem Gebiet der DDR. Abh. Meteor. Dienst DDR **17** (1982) 128, 115—128.

Bernhardt, K., Klose, B., Pethe, H.: Grenzschichthöhen und Windprofile nach Radiosondendaten. Abh. Meteor. Dienst DDR **17** (1982) 128, 41—51.

Beyer, R., Roth, R.: GREIV I 1974 Meßdaten. Ber. Inst. Meteor. Klimat. TU Hannover (1976), 532 S.

Bjutner, Ė. K.: Dinamika pripoverchnostnogo sloja vozducha. Gidrometeoizdat, Leningrad 1978, 157 S.

Bobyleva, I. M., Zilitinkevič, S. S., Lajchtman, D. L.: Turbulentnyj režim v termičeski-stratificirovannom planetarnom pograničnom sloe atmosfery. Meždun. kollokv. po mikrostrukture atmosfery i vlijaniju turbulentnosti na rasprostranenie radiovoln, Moskva 1965, 22 S.

Bodin, S.: A predictive numerical model of the atmospheric boundary layer based on the turbulent energy equation. SMHI Rapporter Met. Klimat. **13** (1979), 138 pp.

Borisenkov, E. P., Al'ter-Zalik, Ju. Ž., Kuznecov, A. D.: Zondirovanie atmosfery meteorologičeskimi aėrostatami. Gidrometeoizdat, Leningrad 1982, 175 S.

Boye, H.: Numerische Rechnungen unter Berücksichtigung der Ekman-Schicht in einem baroklinen Vorhersagemodell. Hamburger Geophys. Einzelschr. **20** (1974), 103 S.

Cvang, L. R. et al.: KAPG Otčet o rabote meždunarodnoj ėkspedicii učenych socialističeskich stran po sraveniju priborov dlja izmerenij charakteristik atmosfernoj tubulentnosti. Cimljansk (1981), 104 S., unveröff.

Damrath, U.: Entwicklung eines quasigeostrophischen Regionalmodells — Teil V. Z. Meteor. **30** (1980), 176—191.

Damrath, U., Meyer, A.: Die Berücksichtigung von Turbulenzreibungseinflüssen in einem gefilterten baroklinen, integrierten Modell der numerischen Wettervorhersage. Z. Meteor. **29** (1979), 96—106.

Danard, M.: A simple model for mesoscale effects of topography on surface winds. Mon. Weath. Rev. **105** (1977), 572—581.

Deardorff, J. W.: Three-dimensional numerical study of the height and mean structure of a heated planetary boundary layer. Boundary-Layer Meteor. **7** (1974a), 81—106.

Deardorff, J. W.: Three-dimensional numerical study of turbulence in an extraining mixed layer. Boundary-Layer Meteor. **7** (1974b), 199—226.

Delsol, F., Miyakoda, K., Clarke, R. H.: Parameterized processes in the surface boundary layer of an atmospheric circulation model. Quart. J. Roy. Meteor. Soc. **97** (1971), 181—208.

De Moor, G.: Les théories de la turbulence dans la couche limite atmosphérique. Secretariat d'etat aupres du ministre de l'equipement et de l'amenagement du territoire (transports). Direction de la meteorologie. Etablissement d'etudes et de recherches meteorologiques (1978), 288 S.

Dobosy, R. J., Somerville, R. C. J.: Tests of simple momentum boundary-layer parameterizations in a numerical weather prediction model. Beitr. Phys. Atmosph. **52** (1979), 190—203.

Dubois, P.: Technik aerologischer Fesselaufstiege über Land. In: Hesse, W. (Hrsg.), Handbuch der Aerologie, Leipzig 1961, 124—228.

Dunst, M.: Ergebnisse von Modellrechnungen zur Ausbreitung von Stoffbeimengungen in der planetarischen Grenzschicht. Z. Meteor. **30** (1980), 47—59.

Du Vachat, R., Musson-Genon, L.: Rossby similarity and turbulent formulations. Boundary-Layer Meteor. **23** (1982), 47—68.

Dyer, A. J. et al.: The international turbulence comparison experiment (Australia 1976) — Central Core Data. CSIRO Div. Atmos. Phys. Tech. Paper No. **38** (1981), 43 pp.

Dyer, A. J., Bradley, E. F.: An alternative analysis of flux-gradient relationships at the 1976 ITCE. Boundary-Layer Meteor. **22** (1982), 3—19.

Ericson, K.: Atmospheric boundary layer field experiment in Sweden 1980, GOTEX II, part I. 0347-2116 SMHI Reports Meteorology and Climatology, (1982), 22 pp.

Everson, P. J., Davies, D. R.: Ekman boundary layer interactions in a numerical model of the general circulation. Quart. J. Roy. Meteor. Soc. **98** (1972), 412—419.

Fechner, P.: Verfahren zur Schließung von Gleichungen für Momente höherer Ordnung, insbesondere in der Theorie der atmosphärischen Diffusion. Dipl.-Arbeit, Berlin (1982), 106 S., unveröff.

Fiedler, F., Panofsky, H. A.: The geostrophic drag coefficient and the "effective" roughness length. Quart. J. Roy. Meteor. Soc. **98** (1972), 213—220.

Fischer, G.: The effect of various surface friction formulations on the development of cyclone waves and fronts. Ann. Meteor. (N.F.) **11** (1976), 60—64.

Fischer, G., Heise, E., Renner, V.: Der Einfluß der Bodenreibung auf die Entwicklung von Zyklonenwellen in einem numerischen Modell. Beitr. Phys. Atm. **46** (1973), 157—181.

Foken, T.: Vorschlag eines verbesserten Energieaustauschmodells mit Berücksichtigung der molekularen Grenzschicht der Atmosphäre. Z. Meteor. **29** (1979), 32—39.

Foken, T.: Information über den internationalen Turbulenzmeßgerätevergleich „MESP-81" in Cimljansk/UdSSR vom 15. 6. bis 31. 7. 1981. Z. Meteor. **32** (1982), 254.

Frost, W., Moulden, T. H. (ed.): Handbook of turbulence, Vol. 1. Plenum Press, New York, London 1977.

Garrat, J. R. et al.: The international turbulence comparison experiment (Australia 1976) — Micrometeorological Support Data. CSIRO Div. Atmos. Phys. Tech. Paper No. 37 (1979), 23 pp.

Gavrilov, A. S., Petrov, Ju. S.: Ocenka točnosti opredelenija turbulentnych potokov po standartnym gidrometeorologičeskim izmerenijam nad morem. Meteor. Gidrol. (1981) 4, 52—59.

Gerstmann, W.: Über die Approximation bodennaher Profile nach der Methode der kleinsten Quadrate und Algorithmen zu ihrer numerischen Nutzung. Diss. (A), Berlin (1981), 77 S., unveröff.

Gutman, L. N., Melgarejo, J. W.: On the laws of geostrophic drag and heat transfer over a slightly inclined terain. J. Atmos. Sci. **38** (1981), 1714—1724.

Handschack, M.: Untersuchungen zum Einfluß von Grenzschichtparametern und synoptischen Parametern auf aus Routineradiosondendaten gewonnene dimensionslose Windprofile in der Oberschicht. Diss. (A), Berlin (1982), 156 S., unveröff.

Heise, E.: Ein Vergleich verschiedener Parameterisationen der turbulenten vertikalen Flüsse von Impuls und sensibler Wärme an der Meeresoberfläche. Hamburger Geophys. Einzelschr. **27** (1975), 121 S.

Helbig, A.: Über die Änderungen der Steiggeschwindigkeit von Radiosondenballonen in der planetarischen Grenzschicht. Z. Meteor. **27** (1977), 254—261.

Helbig, A.: Untersuchungen zum Einfluß der Stadt auf die atmosphärische Grenzschicht. Abh. Meteor. Dienst DDR **17** (1982) 128, 85—97.

Hollingsworth, A., House, F., Hill, S.: A study of some parameterisations of sub-grid processes in a baroclinic wave in a twodimensional model. ECMWF Techn. Rep. No. 5 (1977), 46 pp.

Jaglom, A. M. et al.: Otčet rabočej gruppy simpoziuma po turbulentnosti v pograničnom sloe atmosfery. Izv. AN SSSR, FAO **10** (1974), 677—687.

Jaňour, Z.: The resistance law for the atmospheric boundary layer over a wavy surface. Boundary-Layer Meteor. **11** (1977), 507—514.

JAŇOUR, Z., YORDANOV, D.: On the resistance law for the nonstationary atmospheric boundary layer. Boundary-Layer Meteor. **20** (1981), 269—273.

JORDANOV, D.: Vlijanie baroklinnosti na zakon soprotivlenija. Izv. AN SSSR, FAO **10** (1974), 647—649.

JORDANOV, D. L., PENENKO, V. V., ALOJAN, A. E.: Parametrizacija stratificirovannogo baroklinnogo planetarnogo pograničnogo sloja dlja čislennogo modelirovanija atmosfernych processov. Izv. AN SSSR, FAO **14** (1978a), 815—823.

JORDANOV, D. L., PENENKO, V. V., ALOJAN, A. E.: Parametrizacija baroklinnogo planetarnogo pograničnogo sloja nad morem. Izv. AN SSSR, FAO **14** (1978b), 1206—1212.

KAIMAL, J. C. et al.: The Boulder low-level intercomparison experiment. Preprint of WMO Report, NOAA/NCAR Boulder Atmospheric Observatory (1980), 189 pp.

KAZANSKIJ, A. B., MONIN, A. S.: O turbulentnom režime vyše prizemnogo sloja vozducha. Izv. AN SSSR, ser. geofiz. (1960), 165—168.

KAZANSKIJ, A. B., MONIN, A. S.: O dinamičeskom vzaimodejstvii meždu atmosferoj i poverchnost'ju zemli. Izv. AN SSSR, ser. geofiz. (1961), 786—788.

KLOSE, B.: Aspekte zur Bestimmung des geotriptischen Windes aus dem Bodendruckfeld. Abh. Meteor. Dienst DDR **17** (1982) 128, 31—39.

KLOSE, B., SCHENK, C.: Versuch einer objektiven Grundschichttypisierung anhand von Satellitenbildern. Z. Meteor. **33** (1983), 35—42.

KONDO, J., SATO, T.: The determination of the von Kármán constant. J. Meteor. Soc. Jap. **60** (1982), 461—471.

KORELL, A., PANOFSKY, H. A., ROSSI, R. J.: Wind profiles at the Boulder tower. Boundary-Layer Meteor. **22** (1982), 295—312.

LAJCHTMAN, D. L.: Fizika pograničnogo sloja atmosfery. 2. Aufl., Gidrometeoizdat, Leningrad 1970, 341 S.

LAIKHTMAN, D. L., YORDANOV, D. L.: On the vertical velocity at the top of the planetary boundary layer in nonstationary conditions. Boundary-Layer Meteorology **17** (1979), 293—296.

LAJCHTMAN, D. L., JORDANOV, D. L.: O vertikal'noj skorosti na verchnej granice nestacionarnogo planetarnogo pograničnogo sloja. Izv. AN SSSR, FAO **15** (1979), 450—451.

LEYKAUF, H.: Experimentelle Bestimmung universeller Profile und deren Abhängigkeit von Parametern der atmosphärischen Grenzschicht. Techn. Hochsch. Darmstadt, D17 (1974), 221 S.

LORENZEN, E.: Zum regionalen Verhalten der Windrichtung im Südosten der DDR am Beispiel der Vorhersage der Bodenwindrichtung im Raum Cottbus. Z. Meteor. **25** (1975), 303—311.

LOUIS, J.-F.: A parametric model of vertical eddy fluxes in the atmosphere. Boundary-Layer Meteor. **17** (1979a), 187—202.

LOUIS, J.-F.: The parameterization of the planetary boundary layer. ECMWF Lecture Note No. 9 (1979b), 29 pp.

MAHRT, L.: Penetrative convection at the top of a growing boundary layer. Quart. J. Roy. Meteor. Soc. **105** (1979), 469—485.

MCBEAN, G. A. et al.: The planetary boundary layer. WMO Technical Note No. 165. WMO-No. 530, Geneva 1979, 201 pp.

MCBEAN, G. A.: Priorities in boundary-layer research — thoughts from a working group of the World Meteorological Organization. Boundary-Layer Meteor. **23** (1982), 125—128.

MELGAREJO, J. W.: Quasi-stationary structure and resistance laws of the boundary layer of time-dependent hight above sloping terrain. SMHI Norrköping, Sweden 1981.

MELGAREJO, J.: A numerical stimulation of wind over Gotland with a two-dimensional mesometeorological boundary layer model. Z. Meteor. **32** (1982), 90—99.

MELGAREJO, J. W., DEARDORFF, J. W.: Stability functions for the boundary-layer resistance laws based upon observed boundary-layer heights. J. Atmosph. Sci. **31** (1974a), 1324—1333.

MELGAREJO, J. W., DEARDORFF, J. W.: Stability functions for the boundary-layer resistance laws based upon observed boundary-layer heights. Inst. Meteor. Univ. Stockholm, Intern. Meteor. Inst. Stockholm, Rep. DM-11, Febr. (1974b), 34 pp.

MELLOR, G. L., YAMADA, T.: A hierarchy of turbulence closure models for the planetary boundary layer. J. Atmos. Sci. **31** (1974), 1791—1806.

MINTZ, Y.: The sensitivity of numerically simulated climates to land-surface boundary conditions. Review paper presented at the JSC Study Conference on Land Surface processes in Atmospheric General Circulation Models, Greenbelt, U.S.A., 5—10 Jan. (1981), 50 pp.

MIX, W.: Vertikale Profile des horizontalen Windvektors und des Turbulenzkoeffizienten in einer planetarischen Grenzschicht mit eingelagerter Temperaturinversion. Diss. (A), Berlin (1980), 213 S., unveröff.

MIX, W.: Über die vertikale Verteilung des horizontalen Windvektors und des Turbulenzkoeffizienten in einer planetarischen Grenzschicht mit eingelagerter Inversionsschicht. Abh. Meteor. Dienst DDR **17** (1982) 128, 53—73.

MIYAKE, M. et al.: Comparison of acoustic instruments in an atmospheric turbulent flow over water. Boundary-Layer Meteor. **2** (1971), 228—245.

MIYAKODA, K.: Weather forecasts and the effects of the sub-grid scale processes. Sem. Sci. Found. Med. Range Weath. Force., Part II, ECMWF, Reading, Engld. (1975), 381—476.

MIYAKODA, K.: Surface boundary forcings. Paper presented at the Study Conference on the Physical Basis for Climate Prediction on Seasonal, Annual and Decadal Time Scales at Leningrad, USSR, 13—17 Sept. (1982), 31 pp. WCP-47, 51—78.

MIYAKODA, K., SIRUTIS, J.: Comparative integrations of global models with various parameterized processes of subgrid-scale vertical transports: description of the parameterizations. Beitr. Phys. Atm. **50** (1977), 445—487.

MOORES, W. H.: Direct measurements of radiative and turbulent flux convergence in the lowest 1000 m of the convective boundary layer. Boundary-Layer Meteor. **22** (1982), 283—294.

ORLANSKI, I.: A rational subdivision of scales for atmospheric processes. Bull. Amer. Meteor. Soc. **56** (1975), 527—530.

ORLENKO, L. P.: Stroenie planetarnogo pograničnogo sloja atmosfery. Gidrometeoizdat, Leningrad 1979, 270 S.

PALMER, S. G., CAUGHEY, S. J., WHYTE, K. W.: An observational study of entraining convection using balloon-borne turbulence probes and high-power Doppler radar. Boundary-Layer Meteor. **16** (1979), 261—278.

PANOFSKY, H. A., ZHOU LEYI: Some wind characteristics over complex terrain. J. Meteor. Soc. Jap. **60** (1982), 432—438.

PETERSON, E. W. et al.: The effect of local terrain irregularities on the mean wind and turbulence characteristics near the ground. WMO-No. 510 (1978), 45—50.

PETHE, H.: Untersuchungen zum Kaltluftausfluß aus dem Böhmischen Becken und seine Ausbreitung im Südosten der DDR. In: Problemy pograničnogo sloja atmosfery i zagrjaznenija vozducha, Academia Praha 1981, 62—80.

PETZOLD, B. U.: Ein Vergleich der Profilmethode mit der ageostrophischen Methode zur Bestimmung der geostrophischen Spannungskoeffizienten aus den Daten WANGARA-Experimentes. Dipl.-Arbeit, Berlin (1975), 56 S., unveröff.

ROBERT, A.: Sensitivity experiments for the development of NWP models. Proc. (Eleventh) Stanstead Sem., Publ. in Meteor. No. 114, McGill Univ., Montreal, Canada (1976), 68—81.

ROLLE, W., RENNER, E.: Ein anschauliches Modell zur näherungsweisen Berechnung atmosphärisch-chemischer Prozesse. Z. Meteor. **29** (1979), 80—89.

SCHALLER, E., KRAUS, H.: The role of radiation in an inversion-capped planetary boundary layer. Boundary-Layer Meteor. **20** (1981), 485—495, 497—513.

Schneider-Carius, K.: Die Grundschicht der Troposphäre. Leipzig 1953, 168 S.

Schönwald, B.: Ableitung des vertikalen Temperaturprofils der atmosphärischen Grenzschicht aus Strahldichtemessungen unter verschiedenen Zenitdistanzen auf den Frequenzen 54,5 GHz und 58 GHz. Hamburger Geophys. Einzelschr. A 48 (1980), 94 S.

Skeib, G.: Zur Definition universeller Funktionen für die Gradienten von Windgeschwindigkeit und Temperatur in der bodennahen Luftschicht. Z. Meteor. **30** (1980), 23—32.

Smeda, M. S.: Incorporation of planetary boundary-layer processes into numerical forecasting models. Boundary-Layer Meteor. **16** (1979a), 115—129.

Smeda, M. S.: A bulk model for the atmospheric boundary layer. Boundary-Layer Meteor. **17** (1979b), 411—427.

Taconet, O., Weill, A.: Vertical velocity field in the convective boundary layer as observed with an acoustic Doppler sodar. Boundary-Layer Meteor. **23** (1982), 134—151.

Tarnopol'skij, A. G., Šnajdman, V. A.: Usoveršenstvovannaja model' planetarnogo pograničnogo sloja atmosfery. Meteor. Gidrol. (1979) 10, 14—22.

Trân Duy-Binh: Experimentelle Bestimmung der vertikalen Mächtigkeit der planetarischen Grenzschicht der Atmosphäre. Z. Meteor. **29** (1979), 45—49.

Tsvang, L. R.: Joint field experiment 1981 at Tsimlyansk, U.S.S.R. Boundary-Layer Meteor. **22** (1982), 393—394.

Tsvang, L. R. et al.: A comparison of turbulence measurements by different instruments; Tsimlyansk field experiment 1970. Boundary-Layer Meteor. **3** (1973), 499—521.

Vager, B. G., Nadežina, E. D.: Pograničnyj sloj atmosfery v uslovijach gorizontal'noj neodnorodnosti. Gidrometeoizdat, Leningrad 1979, 136 S.

Viswanadham, Y.: Examination of the empirical flux-profile models in the atmospheric surface boundary layer. Boundary-Layer Meteor. **22** (1982), 61—77.

von Gysegem, A.: Intercomparison of low-level sounding techniques. WMO Bull. **29** (1980), 108—110.

Werner, P., Böhme, W., Schubert, U., Bernhardt, K.: About the relations between the type of atmospheric boundary layer and cloud types derived from satellite cloud pictures. Proc. COSPAR Sympos. Meteor. Obs. from Space, Philadelphia, 8—10 June (1976), 388—391.

Wippermann, F.: The two constants in the resistance law for a neutral barotropic boundary layer of the atmosphere. Beitr. Phys. Atm. **43** (1970), 133—140.

Wippermann, F.: A mixing-length hypothesis for the planetary boundary layer flow in the atmosphere. Beitr. Phys. Atm. **44** (1971), 215—226.

Wippermann, F.: Baroclinic effects on the resistance law for the planetary boundary layer of the atmosphere. Beitr. Phys. Atm. **45** (1972), 244—259.

Wippermann, F.: The planetary boundary layer of the atmosphere. Ann. Meteor. (N.F.) **7** (1973), 346 S.

Wippermann, F.: Estimates of the geostrophic large-scale drag coefficient. Beitr. Phys. Atm. **51** (1978), 44—59.

Wyngaard, J. C.: Progress in research on turbulent flow. WMO-No. 510 (1978), 39—43.

Wyngaard, J. C.: Proceedings of workshop on atmospheric boundary layer, Boulder, 1978. Amer. Meteor. Soc. (1980).

Yaglom, A. M.: Comments on wind and temperature flux-profile relationships. Boundary-Layer Meteor. **11** (1977), 89—102.

Yamada, T.: On the similarity functions A, B and C of the planetary boundary layer. J. Atmos. Sci. **33** (1976), 781—793.

Yamada, T.: PBL similarity profiles determined from a level-2 turbulence-closure model. Boundary-Layer Meteor. **17** (1979), 333—351.

Yamada, T.: A numerical model study of turbulent airflow in and above a forest canopy. J. Meteor. Soc. Jap. **60** (1982), 439—454.

Yordanov, D.: A note on the Rossby similarity of a nonstationary atmospheric boundary layer. Beitr. Phys. Atm. **53** (1980), 167 bis 171.

Yordanov, D., Wippermann, F.: The parametrization of the turbulent fluxes of momentum, heat and moisture at the ground in a baroclinic planetary boundary layer. Beitr. Phys. Atm. **45** (1972), 58—65.

Zilitinkevič, S. S.: Dinamika pograničnogo sloja atmosfery. Gidrometeoizdat, Leningrad 1970, 29 S.

Zilitinkevich, S. S.: Resistance laws and prediction equations for the depth of the planetary boundary layer. J. Atmos. Sci. **32** (1975), 741—752.

Zilitinkevič, S. S., Čalikov, D. V.: Opredelenie universal'nych profilej skorosti vetra i temperatury v prizemnom sloe atmosfery. Izv. AN SSSR, FAO **4** (1968), 294—302.

Long-range transport of airborne pollutants Symposium in Sofia, October 1979. WMO Bull. **29** (1980), 114—116.

Papers presented at the WMO Symposium on boundary layer physics applied to specific problems of air pollution, Norrköping, 19—23 June 1978, WMO-No. 510.

Proceedings of the JOC Study Conference in climate models: Performance, Intercomparison and Sensitive Studies. WMO/ICSU. GARP Publ. Ser. **22** (1979), vol. 1, 2.

Report of the CAS working group on atmospheric boundary-layer problems, second session. WMO. Grenoble, 21—26 April (1980), 16 pp.

Untersuchungen zur Meteorologie der Grenzschicht und zur Analyse klimatologischer Zeitreihen. — Vorwort K. Bernhardt. — Berlin 1982. 175 S. (Abh. Meteor. Dienst DDR **17** (1982), Nr. 128).

Meßgeräte und Meßverfahren zur routinemäßigen Bestimmung von Impuls- und Energieaustauschströmen an der Erdoberfläche

von TH. FOKEN

Zusammenfassung: Ausgehend von dem hohen Aufwand, mit dem nach der Fluktuationsmethode die Ströme von Impuls, fühlbarer und latenter Wärme bestimmt werden, wird ein routinemäßig anwendbares Parametrisierungsverfahren sowie dessen Grenzen vorgestellt.

1. Meßgeräte für die Bodenschicht

Aus der sich vertikal über einen Höhenbereich von 0 bis ca. 20—50 m erstreckenden Bodenschicht liegen im allgemeinen nur die meteorologischen Stationsmessungen vor, die aber für die Energieaustauschbestimmung ungeeignet sind, da sie nur Meßwerte aus einer Höhe liefern und die Geber räumlich und zeitlich integrieren. Zur Erfassung dieser turbulenten Austauschprozesse sind hochempfindliche Meßgeräte notwendig, die das Turbulenzspektrum noch bis ca. 10 Hz erfassen können (Tab. 1).

Zur indirekten Erfassung (s. Abschnitt 3.) gibt es ebenfalls in der DDR kaum einsetzbare Geräte, die Meßwerte aus einer exakt bestimmten Höhe liefern können und für einen Langzeitbetrieb geeignet sind. Es handelt sich im wesentlichen nur um die Anemometer des VEB Anemometerbau Dresden sowie um Institutsfertigungen des Meteorologischen Hauptobservatoriums Potsdam (MHO) und des Forschungsinstitutes für Agrarmeteorologie Halle (FIA) des Meteorologischen Dienstes der DDR als auch der Karl-Marx-Universität Leipzig (KMU) für Anemometer und Psychrometer. Auf diesem Gebiet besteht ein großes Erfordernis an geeigneten industriellen Geräten, da sie auch in vielen anderen Bereichen eingesetzt werden könnten.

Tabelle 1
Meßwertgeber zur Bestimmung der turbulenten Austauschströme

Meßgröße/Gerätetyp	industrielle Fertigung*)	Institutsfertigung in der DDR*)
Wind		
Ultraschall-anemometer	Kaijo Denki/Japan Appl. Technologies Inc./U.S.A.	keine
Propelleranemometer	Young Co./U.S.A.	MHO, KMU
Hitzdrahtanemometer	DISA/Dänemark	keine
Temperatur		
hochempfindliches Widerstands-thermometer	DISA/Dänemark	MHO, KMU
Feuchte		
Lyman-α-Hygrometer		IKF**) (Kleinserie)
IR-Hygrometer		MHO
Filmhygrometer	VAISALA/Finnland	KMU

*) nahezu komplett
**) Institut für Kosmosforschung der Akademie der Wissenschaften der DDR, restliche Abkürzungen siehe Text

2. Meßgerätevergleiche

Die Kompliziertheit der zur Erfassung der turbulenten Austauschströme eingesetzten Meßgeräte, die Meß- und Auswerteverfahren sowie die Unmöglichkeit der Eichung unter definierten Laborbedingungen erfordern Feldmeßgerätevergleiche. Es geht dabei um den gegenseitigen Vergleich zum Ausschließen von systematischen Fehlern und den orientierenden Vergleich zu anderen direkten Verfahren (Lysimeter). Tab. 2 gibt einen Überblick zu den bisher durchgeführten internationalen Vergleichen.

Der 1981 durchgeführte Vergleich „MESP-81", an dem auch der Meteorologische Dienst der DDR beteiligt

Tabelle 2
Internationale Turbulenzmeßgerätevergleiche

Ort/Land/Jahr	Teilnehmerstaaten	wichtige Geräte
Vancouver/Canada/1968	Canada, UdSSR, USA, Japan	akustische Anemometer Thermometer
Cimljansk/UdSSR/1970	UdSSR, USA, Canada, Australien, Japan	akustische Anemometer Propelleranemometer Thermometer Hygrometer
Conargo/Australien/1976	Australien, UdSSR, USA, Japan, Canada, Frankreich	akustische Anemometer Propelleranemometer Thermometer Hygrometer
Cimljansk/UdSSR/1981 „MESP-81"	UdSSR, DDR, ČSSR, VR Polen	akustische Anemometer Propelleranemometer Thermometer (Hygrometer)

war (s. Unterstreichungen in Tab. 1), erbrachte den Nachweis der zuverlässigen Arbeit der eingesetzten Meßsysteme, wobei die UdSSR mit international mehrfach verglichenen Institutsfertigungen vertreten war, und brachte auch Ergebnisse zum Vergleich der Arbeitsmethoden und der Temperaturmessung (Widerstandsthermometer, Ultraschall). Hinzu kommt eine eindrucksvolle Bestätigung der am MHO [2] entwickelten Vorstellungen zur Berücksichtigung der Stabilität der Schichtung bei Profilmessungen, die die Grundlage für nachfolgende Betrachtungen bilden.

3. Parametrisierung des Energieaustausches

Die Ausführungen zu den Meßwertgebern haben gezeigt, daß der Einsatz der sehr komplizierten Meßtechnik keinesfalls für Routinemessungen geeignet ist. Es kommt deshalb darauf an, die relativ kompliziert zu erfassenden turbulenten Energieaustauschströme über leicht zugängliche Parameter zu bestimmen durch Ableitung und experimentelle Überprüfung geeigneter Transformationsbeziehungen (Parametrisierung). Dabei bevorzugt man über Land die ausschließliche Messung in der turbulenten Schicht, d. h. in der nicht schichtungsbeeinflußten dynamischen Unterschicht und in der schichtungsbeeinflußten eigentlichen Bodenschicht (PRANDTL-Schicht) und gewinnt entsprechende Meßwerte in zwei Höhen.

Als allgemeine Formel für die Parametrisierung ergibt sich somit

$$X(z_2) - X(z_1) = \frac{X_*}{c} \int_{z_1}^{z_2} \frac{\varphi(z/L)}{z} \, dz \tag{1}$$

Tabelle 3
Symbolerklärung für Beziehung (1)

Größe	Impulstransport	fühlbarer Wärmestrom	latenter Wärmestrom
X	Windgeschwindigkeit u	Temperatur T	Dampfdruck e
X_*	Schubspannungsgeschwindigkeit u_* $u_* = (-\overline{u'w'})^{1/2}$	Temperaturmaßstab $T_* = H/u_* \cdot \varrho \cdot c_p$	Feuchtemaßstab $e_* = E/u_* \cdot \varrho \cdot r$
c	v.-KÁRMÁN-Konstante $\varkappa \sim 0{,}4$	$\lambda = \alpha_0 \cdot \varkappa \sim 0{,}5$	$\lambda_E \sim \lambda$

H	fühlbarer Wärmestrom	$H = \varrho \cdot c_p \cdot \overline{w'T'}$
E	latenter Wärmestrom	$E = \varrho \cdot r \cdot \overline{w'e'}$
ϱ	Luftdichte	
c_p	spezifische Wärme	
r	Verdampfungswärme	
α_0	Verhältnis der Austauschkoeffizienten für fühlbare Wärme und Impuls bei $z/L = 0$	
L	MONIN-OBUCHOV-Länge	$L = -u_*^3/\varkappa \cdot \frac{g}{T} \cdot \frac{H}{\varrho \cdot c_p}$
g	Schwerebeschleunigung	
z	Höhe	
w	vertikale Windkomponente	
X'	Fluktuationen der Größe X	

mit den in Tab. 3 angegebenen Größen. Bei der Ausführung der Integration ist zu beachten, daß gegebenenfalls das Integrationsintervall getrennt werden muß, wenn sich die Höhe der dynamischen Unterschicht zwischen z_1 und z_2 befindet [3]. Die wichtigsten Forschungsleistungen zur Erstellung geeigneter Parametrisierungsbeziehungen bestehen einerseits in Vergleichsmessungen, wobei neben $X(z_1)$ und $X(z_2)$ die Korrelationsprodukte $\overline{w'X'}$ mit der Fluxtechnik zu ermitteln sind. Daraus läßt sich für $z/L \sim 0$ α_0 bestimmen. Andererseits dienen diese Vergleichsmessungen sowie theoretische Überlegungen der Bestimmung geeigneter universeller Funktionen $\varphi(z/L)$. Durch SKEIB [2] wurde eine für Parametrisierungszwecke geeignete universelle Funktion entwickelt:

$$\varphi(z/L) = \begin{cases} (\zeta/\zeta_{cn})^{-n} & -2 \leqq \zeta \leqq -0{,}075\,, \\ 1 & -0{,}075 < \zeta < 0{,}16\,, \\ (\zeta/\zeta_{cm})^{-m} & 0{,}16 \leqq \zeta \leqq 1\,. \end{cases} \tag{2}$$

Dabei ist $\zeta = z/L$ und die anderen Größen nehmen die in Tab. 4 angegebenen Werte an.

Tabelle 4
Symbolerklärung für Beziehung (2)

Größe	Impulstransport	fühlbarer Wärmestrom	latenter Wärmestrom
n	$^1/_4$	$^1/_2$	$\sim {}^1/_2$
m	-1	-2	~ -2
ζ_{cn}	$-0{,}075$	$-0{,}075$	$-0{,}075$
ζ_{cm}	$0{,}16$	$0{,}16$	$0{,}16$

4. Probleme bei der Energieaustauschparametrisierung

An dieser Stelle sei nur auf einige Probleme hingewiesen. Weitere sind in [1] angeführt.

- Gegenwärtig wirkt sich das Nichtvorhandensein industriemäßig hergestellter geeigneter Geber nachteilig auf einen Einsatz des Verfahrens in der Praxis aus. Man muß aber berücksichtigen, daß man nur Genauigkeiten der Meßgeräte von 0,05 m/s bei der Windgeschwindigkeit und 0,02 K bei der Temperaturdifferenz im günstigsten Fall erreicht. Dies bedeutet, daß nur für $u_* > 0{,}15 \ldots 0{,}20$ m/s und $H > 50$ bis 100 W/m^2 eine Genauigkeit von 10 bis 20% erreicht werden kann.
- Die Parametrisierung erfordert ungestörte Geländebedingungen, d. h. bei einer Masthöhe von ca. 2 m mindestens in einem Umkreis von 50 bis 100 m keine Hindernisse und Rauhigkeitswechsel, um das Auftreten von internen Grenzschichten ausschließen zu können.
- Die Höhenbestimmung muß äußerst exakt erfolgen. Dies bedeutet für die Unterlage, daß ein einheitlicher kurzgeschorener Rasen vorhanden sein muß, um eine Verschiebungshöhe (insbesondere eine veränder-

liche) ausschließen zu können. Die Parametrisierung über landwirtschaftlichen Kulturen erfordert die genaue Kenntnis der aerodynamischen Eigenschaften. — Es ist völlig klar, daß der angegebene Formalismus nur bei vorhandener Turbulenz, d. h. $u(2\text{ m}) > 1$ m/s, anwendbar ist. Unter Sturmbedingungen, $u(2\text{ m}) > > 15 \ldots 20$ m/s ist ebenfalls keine Anwendung möglich.

Literatur

[1] FOKEN, TH.: Zur Parametrisierung der turbulenten Energieaustauschströme über dem Meer. Abh. Meteor. Dienst der DDR, Nr. 134 (im Druck).

[2] SKEIB, G.: Zur Definition universeller Funktionen für die Gradienten von Windgeschwindigkeit und Temperatur in der bodennahen Luftschicht. Z. Meteor. **30** (1980) 1, 23–32.

[3] SKEIB, G.; RICHTER, S. H.: Praktische Anwendung voll normierter universeller Funktionen für das turbulente Stromfeld der bodennahen Luftschicht. Z. Meteor. **34** (1984) 5 (im Druck).

Typen von Grenzschichtmodellen und ihre Anwendbarkeit in der meteorologischen Praxis

von W. Mix

Infolge der in der unteren Troposphäre ständig — am intensivsten in Bodennähe — wirksamen Turbulenzreibung, der Größe des Energieumsatzes an der Erdoberfläche, der dynamischen und thermischen Inhomogenität der Unterlage und der periodisch zeitabhängig einfallenden solaren Strahlungsströme sind für die planetarische Grenzschicht (PGS) große räumliche (vor allem vertikale) *und* zeitliche Änderungen des Wind-, Temperatur- und (spezifischen) Feuchtefeldes charakteristisch. Diese Besonderheiten sind von erheblicher praktischer Bedeutung, ihre theoretische, d. h. mathematisch-physikalische Beschreibung und (numerische) Simulation sind Hauptinhalt der Grenzschichtmodellierung.

Ausgangspunkt jeder theoretischen Beschreibung ist das bekannte System der hydro-thermodynamischen Grundgleichungen (vgl. z. B. Lajchtman 1970, Gl. 1 und Wippermann 1973, Ch. 1), welches entsprechend der konkreten Problemstellung wesentlich modifiziert und vereinfacht wird. Die Integration des schließlich resultierenden Differentialgleichungssystems ist selbst bei starker Vereinfachung in der Regel nur numerisch möglich. Sie liefert im allgemeinsten Fall die gesuchte räumliche und zeitliche Struktur der genannten meteorologischen Felder in der Grenzschicht. PGS-Modelle dieses Typs sind *differentielle* Modelle. Von solchen unterscheiden sich grundsätzlich *integrale* PGS-Modelle, die die Grenzschicht „als Ganzes" behandeln. Derartige Modelle, mit denen eine Beschreibung der räumlichen Struktur der PGS naturgemäß nicht möglich ist, seien hier lediglich erwähnt und von den weiteren Betrachtungen ausgeschlossen.

Für die im folgenden behandelten Typen differentieller PGS-Modelle ist charakteristisch, daß eine Rückkopplung zwischen Grenzschicht und freier Atmosphäre nicht simuliert werden kann. Das bedeutet, daß in allen Modellen beispielsweise das Druckfeld bzw. das geostrophische Windfeld vorgegeben werden bzw. bekannt sein muß. Differentielle PGS-Modelle, die die Zeitabhängigkeit des Wind-, Temperatur- und Feuchtefeldes berücksichtigen, werden als *instationäre* Modelle, anderenfalls als *stationäre* Modelle bezeichnet. Instationäre Modelle werden naturgemäß *prognostisch* und hier fast ausschließlich für die Simulation des Tagesganges der meteorologischen Felder verwendet. Stationäre Modelle ermöglichen hingegen nur eine *diagnostische* Beschreibung der räumlichen Grenzschichtstruktur. Sie eignen sich vor allem für die Simulation von Grenzschichten mit stark gedämpften Tagesgängen und ohne größere synoptisch bedingte zeitliche Änderungen. (Die geringen zeitlichen Änderungen in einer solchen quasistationären PGS können als eine Folge sich nur wenig voneinander unterscheidender stationärer Zustände aufgefaßt werden.)

Die weitere Typenunterteilung der differentiellen PGS-Modelle erfolgt im allgemeinen gemäß der möglichen — d. h. bei einer konkreten Aufgabenstellung letztlich willkürlich vorausgesetzten — Abhängigkeit der Lösungsfunktionen von einer, zwei oder allen drei Raumkoordinaten, ergibt sich also aus der Einteilung der PGS-Modelle in ein-, zwei- und dreidimensionale Modelle (1-D-, 2-D- und 3-D-Modelle).

1-D-Modelle berücksichtigen die Abhängigkeit der meteorologischen Felder (gewöhnlich) von der Vertikalkoordinate, liefern also *vertikale Profile* der gesuchten Feldfunktionen. 1-D-Modelle sind insbesondere auf Grenzschichten mit horizontal quasihomogenem großräumigen Windfeld anwendbar. Da einerseits diese Voraussetzung über orographisch unbeeinflußtem Gelände oft näherungsweise erfüllt ist, andererseits aber die ausgeprägte vertikale Veränderlichkeit der meteorologischen Felder (des Windfeldes allein im Falle stationärer 1-D-Modelle) bei meist geringem Rechenzeitaufwand gut beschrieben wird, ist dieser Modelltyp nach wie vor am meisten verbreitet. Bereits stationäre 1-D-Modelle stellen den Einfluß von thermischer Schichtung und Baroklinität auf das großräumige Wind- und Turbulenzregime richtig dar, wobei u. a. auch das vieldiskutierte Phänomen des Low-Level-Jets in elementarer Weise als Ergebnis von stabiler thermischer Schichtung und „negativer Baroklinität" (Richtungen von thermischem Wind und geostrophischem Bodenwind sind entgegengesetzt) beschrieben wird (vgl. Wippermann 1973). Instationäre 1-D-Modelle liefern — im Gegensatz zu stationären 1-D-Modellen — nicht nur das großräumige Windfeld sowie Turbulenzcharakteristika als Lösung, sondern simultan Wind, Temperatur und (ggf.) spezifische Feuchte. Die Instationarität tritt als weitere wichtige Einflußgröße in bezug auf das meteorologische Regime in der PGS nach den Ergebnissen verschiedener Modellrechnungen z. B. dahingehend in Erscheinung, daß der erwähnte Low-Level-Jet in der Umgebung der Obergrenze nächtlicher Bodeninversionen auftritt und dabei schärfer ausgeprägt ist als im stationären Fall.

Die Berücksichtigung des dreidimensionalen Charakters der PGS bzw. der i. allg. von allen drei Raumkoordinaten gegebenen Abhängigkeit der meteorologischen Felder erfordert in letzter Konsequenz natürlich die 3-D-Modellierung. Einen wesentlichen Schritt hierhin stellen *2-D-Modelle* dar, die den Verlauf der gesuchten Größen (meist) in Abhängigkeit von der vertikalen und einer horizontalen Koordinate darstellen. *3-D-Modelle* berücksichtigen räumliche Abhängigkeiten von allen drei Koordinatenrichtungen, teils als stationäre Modelle zur diagnostischen Beschreibung der räumlichen Struktur quasistationärer Grenzschichten, teils als instationäre Modelle für die prognostische Simulation des Tagesganges der räumlichen Struktur zeitabhängiger Grenzschichten. In Abhängigkeit von den horizontalen Abmessungen des für die Simulation vorgesehenen Gebietes kann sich die 3-D-Modellierung der PGS auf das großräumige Wind-, Temperatur- und Feuchtefeld oder auf die Modellierung dieser Felder im Mesoscale-Bereich beziehen, wobei dynamische und thermische Inhomogenitäten des Untergrundes sowie orographische Gliederungen berücksichtigt werden können. Mit Mesomodellen der PGS können Phänomene wie die Land-See-wind-Zirkulation, orographisch bedingte Strömungssysteme, der Einfluß der städtischen Wärmeinsel und städtischer Gebäudekomplexe bzw. Bauwerke auf das Wind- und Turbulenzfeld in der Stadtgrenzschicht, Besonderheiten des meteorologischen Regimes in der Umgebung künstlicher Stauseen usw. simuliert und studiert werden.

Unabhängig von den sehr unterschiedlichen speziellen Aufgabenstellungen liefern alle genannten Typen von differentiellen Grenzschichtmodellen mindestens Angaben über die vertikale Verteilung des Horizontalwindvektors sowie von Turbulenzgrößen wie z. B. des Impulsaustausch- bzw. Turbulenzkoeffizienten. (Dies entspricht dem Leistungsvermögen stationärer 1-D-Modelle als dem einfachsten Modelltyp; instationäre 1-D-Modelle liefern neben einer von Höhe und Zeit abhängigen Verteilung des Wind- und Turbulenzfeldes auch eine entsprechende Verteilung des Temperaturfeldes sowie — ggf. — des Feuchtefeldes.)

Die direkte *praktische Anwendbarkeit* von Grenzschichtmodellen ist damit offenkundig, da z. B. die erwähnten vertikalen Verteilungen von Windvektor und Turbulenzkoeffizient u. a.

- als Eingangsgrößen numerischer Modelle für die Ausbreitung atmosphärischer Beimengungen (Schadstoffe) benötigt werden und
- für die Luftfahrt hinsichtlich der Flugsicherheit bei bei Start und Landung von Interesse sind.

Außer der bisher vorgestellten, offenbar verbreitetsten Typeneinteilung der PGS-Modelle sind andere, d. h. nach anderen Gesichtspunkten getroffene Typeneinteilungen bekannt.

So werden z. B. nach ihrer *Verwendung* PGS-Modelle in nicht operativ eingesetzte Modelle und operativ eingesetzte Modelle unterschieden. Modelle der ersten Kategorie haben letztlich den Charakter von Forschungsmodellen, während Modelle der zweiten Kategorie ausgesprochene Anwendungsmodelle sind.

Weiterhin ist eine Typenunterteilung möglich, deren Kriterium der Grad der *„physikalischen Ausstattung“* des PGS-Modells ist (etwa im Hinblick auf die Nichtberücksichtigung oder Berücksichtigung bzw. auf die Art der Berücksichtigung der Baroklinität, der Strahlungsprozesse, des turbulenten Feuchteaustausches, der Phasenänderungen des Wasserdampfes, des Wärme- und Feuchteaustausches mit dem Erdboden, der thermischen Inhomogenitäten der Erdoberfläche, der Orographie usw.).

Eine andere Typeneinteilung kann danach vorgenommen werden, in welcher Weise die *Schließung* des zu integrierenden Gleichungssystems erfolgt. Die verschiedenen Möglichkeiten für die Schließung der Bewegungsgleichungen und damit zugleich für die Beschreibung der kleinräumigen Grenzschichtturbulenz wurden in dem Hauptvortrag von BERNHARDT (s. dieses Heft) genannt.

Hinsichtlich der „Schließung höherer Ordnung“ ist festzustellen, daß auf ihrer Basis bislang keine eindeutig besseren Ergebnisse als mit den konventionellen Schließungsansätzen erzielt werden konnten, wie auch unlängst eine im Rahmen einer Diplomarbeit (FECHNER 1982) am Bereich Meteorologie und Geophysik angefertigte Literaturstudie ergab.

Ein Vergleich der verschiedenen Typen von PGS-Modellen anhand der für die numerische Realisierung der Modelle erforderlichen *Rechenzeiten* wäre von einigem Interesse, ist aber nur bedingt möglich, da

- nicht bei jeder publizierten Modellentwicklung Rechenzeit und Computertyp bekannt sind und
- die verwendeten Computer sich hinsichtlich Rechengeschwindigkeit und Speicherkapazität z. T. erheblich unterscheiden.

Der Versuch einer solchen Gegenüberstellung wird in Tabelle 1 unternommen. Die Zahlenwerte repräsentieren ausschließlich Größenordnungen! Es ist verständlich, daß die für die numerische Realisierung eines PGS-Modells benötigte Rechenzeit außer von Parametern der verwendeten Rechenanlage vor allem von der Art der Schließung, der physikalischen Modellausstattung und der Zahl der Gitterpunkte abhängt. So zeigt die Gegenüberstellung erwartungsgemäß, daß instationäre 3-D-Modelle für ihre numerische Realisierung den größten Aufwand an Rechenzeit (wie auch an Speicherkapazität) erfordern. Dabei sind in Tabelle 1 PGS-Modelle mit extremem Aufwand unberücksichtigt geblieben, etwa das bekannte instationäre 3-D-Modell von DEARDORFF 1974a, b ($L_x = L_y = 5$ km, $L_z = 2$ km, $N_x = N_y = N_z = 40$, $N = 64000$, $\Delta t = 6$ s; CPT $= 350$ h $= 21000$ min für die Simulation *eines* 24-h-Zyklus).

Verschiedentlich wurden instationäre 3-D-Modelle entwickelt, die zwar eine Fülle detaillierter Informationen liefern, jedoch unter dem Zwang, den Rechenzeitaufwand in vertretbaren Grenzen zu halten, mit einer vergleichsweise einfachen physikalischen Ausstattung versehen wurden. Dies betrifft auch und nicht zuletzt die Verwendung von z. T. sehr einfachen Schließungsansätzen.

Die Problematik der numerischen (vor allem der mehrdimensionalen) Modellierung der PGS ist gegenwärtig bei Aus- und Überlastung vieler Rechenzentren zunehmend durch rechenökonomische Aspekte gekennzeichnet, was nicht nur beim Modelleinsatz von Bedeutung ist, sondern schon die Phase der Modellentwicklung und

Tabelle 1. Gegenüberstellung verschiedener Typen von Grenzschichtmodellen (numerische Parameter)

Typ	L_x, L_y (km)	L_z (km)	Δx, Δy (km)	Δz (m)	Δt (min)	N_x, N_y	N_z	N	CPT (min)
1-D, stationär	—	meist 10^0	—	meist variabel:[1]) $10^{-3} \dots 10^2$	—	—	$10^1 \dots 10^2$	$10^1 \dots 10^2$	$10^{-2} \dots 10^0$
1-D, instationär	—	meist 10^0	—	oft variabel:[1]) $10^{-3} \dots 10^2$	$10^0 \dots 10^1$	—	$10^1 \dots 10^2$	$10^1 \dots 10^2$	$10^{-1} \dots 10^1$
3-D, instationär	$10^1 \dots 10^3$	10^0	$10^0 \dots 10^2$	$10^1 \dots 10^2$	meist 10^1	10^1	10^1	$10^3 \dots 10^4$	$10^1 \dots 10^3$

L_x, L_y, L_z: horizontale und vertikale Modellabmessungen
Δx, Δy, Δz: horizontale und vertikale Gitterpunktabstände
Δt: Zeitschritt
N_x, N_y, N_z: Zahl der Intervalle Δx, Δy, Δz
N: Zahl der Gitterpunkte
CPT: Rechenzeit (bei instationären Modellen die für die Simulation eines 24-h-Zyklus benötigte Rechenzeit)
[1]) kleinste (größte) Abstände am unteren (oberen) Modellrand

-erprobung betrifft. Angesichts dessen wirft sich im Hinblick auf Neuentwicklungen verstärkt die (Rechenzeit-)Aufwand-Nutzen-Frage auf.

Dabei kann einerseits nicht übersehen werden, daß die mit 3-D-Modellen gewinnbare Fülle an Detailinformationen für ein größeres Gebiet im allgemeinen weniger benötigt wird als vielmehr relativ wenige, aber für ein kleineres Gebiet möglichst repräsentative Informationen (z. B. lokale Vorhersagen der Vertikalprofile von Windvektor, Temperatur und Impulsaustauschkoeffizient etwa im Bereich von Flugplätzen, zu erstellen durch ein als Interpretationsmodell fungierendes 1-D-Modell; vgl. BODIN 1979). Andererseits konnte gezeigt werden (BARR, KREITZBERG 1975; BODIN 1979, S. 16ff.), daß sich in einem 3-D-Modell mit $\Delta x \gtrless 100$ km (horizontaler Gitterpunktabstand) jeder Gitterpunkt wie ein separates 1-D-Modell verhält, weshalb die Verwendung von 3-D-Modellen erst bei $\Delta x \lessgtr 20$ km sinnvoll ist. Meist wird also einem (physikalisch gut ausgestatteten) instationären 1-D-PGS-Modell der Vorzug zu geben sein!

Im folgenden soll kurz gezeigt werden, daß auch mit einem einfachen stationären 1-D-Modell brauchbare Ergebnisse erzielt werden können. Mit einem solchen, am Bereich Meteorologie und Geophysik realisierten Modell sollte in numerischen Experimenten hauptsächlich der Frage nachgegangen werden, inwieweit sowohl die Existenz einer Inversionsschicht als auch deren nahezu immer vorhandene großräumige Neigung die Vertikalprofile von Windvektor und Turbulenzkoeffizient beeinflussen (vgl. MIX 1982, 1983a). Hinsichtlich der Berücksichtigung vertikaler Inhomogenitäten der thermischen Schichtung stellt dieses Modell somit eine Erweiterung bzw. Verallgemeinerung bisheriger stationärer 1-D-Modelle dar. (In früheren PGS-Modellen dieses Typs wurde — abgesehen von CVETKOVA 1969 — eine höhenkonstante thermische Schichtung angenommen.) Für die Schließung des zu integrierenden Systems von Differentialgleichungen wurde der im Vortrag von BERNHARDT erwähnte PRANDTL-Ansatz zusammen mit der Mischungsweghypothese von WIPPERMANN 1971 (L_W) sowie später mit drei weiteren, von WIPPERMANN 1974 verallgemeinerten Mischungswegansätzen verwendet (L_B, L_R, L_L — Mischungsweg L nach BLACKADAR bzw. RUZIN bzw. LETTAU).

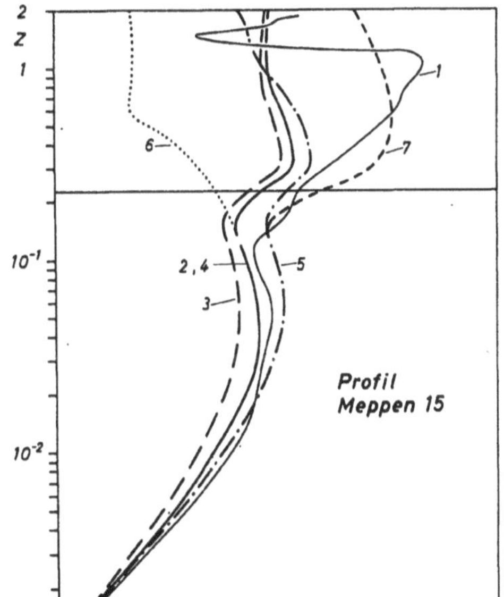

Abb. 1. Vertikalprofil Meppen 15 des dimensionslosen Turbulenzkoeffizienten nach Beobachtung und Modellrechnungen
Baroklinitätsparameter: $\lambda_x = -9{,}5$; $\lambda_y = +1{,}9$
Geostrophischer Bodenwind: $v_{g0} = 8{,}1$ m/s
Kurve 1: Beobachtung
Kurve 2: Modellrechnung mit L_W
Kurve 3: Modellrechnung mit L_B
Kurve 4: Modellrechnung mit L_R
Kurve 5: Modellrechnung mit L_L
(Kurven 2–5: bei $\mu_2 = +9$, $\mu_3 = 0$)
Kurve 6: Modellrechnung mit L_W und $\mu = \mu_2 = \text{const}$
Kurve 7: Modellrechnung mit L_L und $\mu_2 = +9$, $\mu_3 = -8$
μ_2, μ_3: Parameter der thermischen Schichtung in (μ_2) bzw. über (μ_3) der Bodeninversion
(Einzelheiten s. MIX 1984)

Erste Versuche zur Verifikation der Modellergebnisse erfolgten anhand des Meppener Datenmaterials (s. Leykauf 1974); die wichtigsten Resultate sind bei Mix 1983b, 1984 zusammengestellt. Abb. 1 gestattet einen Vergleich des experimentellen *K*-Profils Meppen 15 (Kurve 1) mit theoretischen *K*-Profilen. Letztere geben die experimentelle Kurve qualitativ richtig sowie quantitativ durchaus zufriedenstellend dann wieder, wenn die vertikale Variabilität der thermischen Schichtung bei der numerischen Modellrealisierung berücksichtigt wird. (*K*: dimensionsloser Turbulenzkoeffizient; *Z*: dimensionslose Höhe; die Inversionsobergrenze befindet sich zwischen $Z = 0{,}2$ und $0{,}3$ — s. Abb. 1).

Literatur

Barr, S., Kreitzberg, C. W.: Horizontal variability and boundary-layer modeling. Boundary-Layer Meteor. **8** (1975), 163—172.

Bernhardt, K.: Physik der Grundschicht. Abh. Meteor. Dienst der DDR, vorliegendes Heft, S. 43—62.

Bodin, S.: A predictive numerical model of the atmospheric boundary layer based on the turbulent energy equation. SMHI-Rapporter Nr. RMK **13** (1979), 138 S.

Cvetkova, T. N.: Model' stacionarnogo temperaturno-stratificirovannogo pograničnogo sloja atmosfery (čislennye ėksperimenty). Meteor. i Gidrol., (1969) 7, 36—43.

Deardorff, J. W.: Three-dimensional numerical study of the height and mean structure of a heated planetary boundary layer. Boundary-Layer Meteor. **7** (1974a), 81—106.

Deardorff, J. W.: Three-dimensional numerical study of turbulence in an entraining mixed layer. Boundary-Layer Meteor. 7 (1974b), 199—226.

Fechner, P.: Verfahren zur Schließung von Gleichungen für Momente höherer Ordnung, insbesondere in der Theorie der atmosphärischen Diffusion. Diplomarbeit. Humboldt-Univ. Berlin 1982. 106 S., unveröff.

Lajchtman, D. L.: Fizika pograničnogo sloja atmosfery. Gidrometeoizdat, Leningrad 1970. 341 S.

Leykauf, H.: Experimentelle Bestimmung universeller Profile und deren Abhängigkeit von Parametern der atmosphärischen Grenzschicht. Dissertation. Techn. Hochschule Darmstadt. D 17. 1974. 222 S.

Mix, W.: Über die vertikale Verteilung des horizontalen Windvektors und des Turbulenzkoeffizienten in einer planetarischen Grenzschicht mit eingelagerter Inversionsschicht. Abh. Meteor. Dienst der DDR, Nr. **128** (1982), 53—73.

Mix, W.: Über die Möglichkeit der Modellierung des Windfeldes in einer planetarischen Grenzschicht mit eingelagerter Temperaturinversion im (quasi-)stationären Fall. Z. Meteor. **33** (1983a), 12—34.

Mix, W.: Vertikale Profile des Windvektors und des Turbulenzkoeffizienten in einer (quasistationären) planetarischen Grenzschicht mit freier Inversion. Z. Meteor. **33** (1983b), 293—314.

Mix, W.: Vertikale Profile des Windvektors und des Turbulenzkoeffizienten in einer (quasistationären) Grundschicht vom (Boden-)Inversionstyp. Z. Meteor. **34** (1984), Heft 4 (im Druck).

Wippermann, F.: A mixing-length hypothesis for the planetary boundary layer flow in the atmosphere. Beitr. Phys. Atmos. **44** (1971), 215—226.

Wippermann, F.: The planetary boundary layer of the atmosphere. Ann. Meteor. (Neue Folge) **7** (1973), 346 S.

Wippermann, F.: Eddy diffusion coefficients in the planetary boundary layer. Adv. Geoph., 18A (1974), 407—418.

Zu den Möglichkeiten der Ausbreitungsmodellierung und dem dazu erforderlichen Bedarf an Grundschichtdaten

von B. KIRCHNER

Ein wichtiges Anwendungsgebiet der Ergebnisse der Physik der Grenzschicht ist die Ausbreitungsrechnung. Es soll deshalb zu den für Begutachtungen verwendeten Berechnungsmethoden für Ausbreitungsvorgänge sowie ihrer Eignung oder Nichteignung für bestimmte Aufgabenstellungen und ihrem jeweiligen Bedarf an Grundschichtdaten etwas gesagt werden.

Will man Ausbreitungsvorgänge auf der Grundlage der Bilanzgleichung für Luftverunreinigungen modellieren (also nicht mit Hilfe eines physikalischen Modells, z. B. dem Windkanal, der zur Nachbildung kleinskaliger Effekte geeignet ist, die man mathematisch noch nicht erfassen kann und auch nicht auf der Grundlage einer statistischen Analyse von gemessenen Luftverunreinigungsdaten), geht man bei der routinemäßigen Behandlung von Ausbreitungsvorgängen von der halbempirischen Gleichung der atmosphärischen Diffusion aus, die man aus der Bilanzgleichung für Luftverunreinigungen sowohl auf der Grundlage der EULERschen als auch der LAGRANGEschen Betrachtungsweise der turbulenten Diffusion erhalten kann [13]:

$$\frac{\partial c}{\partial t} + u\frac{\partial c}{\partial x} + v\frac{\partial c}{\partial y} + w\frac{\partial c}{\partial z} = \frac{\partial}{\partial x}\left(K_x\frac{\partial c}{\partial x}\right) + \frac{\partial}{\partial y}\left(K_y\frac{\partial c}{\partial y}\right) + \frac{\partial}{\partial z}\left(K_z\frac{\partial c}{\partial z}\right) + Q - S\,. \tag{1}$$

Die Variablen c (Konzentration einer Beimengung), u, v, w (Komponenten des Windvektors) sowie K_x, K_y, K_z (Diffusionskoeffizienten) sind ebenso wie die Quellparameter Q Funktionen von Ort und Zeit. S sind die Parameter für die Senken durch Ausfall- und Umwandlungsvorgänge. Wir beschränken uns auf inerte Gase, vernachlässigen also S. Diese Basis-Gleichung ist unter vorzugebenden Anfangs- und Randbedingungen zu lösen. Im allgemeinen löst man die Gleichung unter mehr oder weniger starken Vereinfachungen, wobei die Art der Vereinfachung von der zu lösenden Aufgabenstellung abhängt. Bei starker Vereinfachung der Ausgangsgleichung lassen sich analytische, bei geringeren Vereinfachungen numerische Lösungen erhalten. Entsprechend ist der Bedarf an meteorologischen Eingangsdaten bei den analytischen Lösungen gering, während bei den numerischen Lösungen zusätzliche Beziehungen oder ganze Modelle zur Bereitstellung der Eingangsdaten notwendig sind.

Die sogenannten GAUSSschen Ausbreitungsformeln für verschiedene Quellkonfigurationen sind analytische Lösungen von Gleichung (1) unter der Voraussetzung, daß Windvektor und Turbulenz stationär und homogen und die Ausbreitungsparameter σ in bestimmter Weise mit den Diffusionskoeffizienten K verknüpft sind ($\sigma_i = \sqrt{2K_i x/u}$).

Als Eingangsinformation ist die Kenntnis des Windvektors ($\mathbf{v}$ = konstant) sowie die der seitlichen und vertikalen Standardabweichungen der Normalverteilung (σ_y, σ_z) erforderlich, die empirisch aus Ausbreitungsexperimenten bestimmt werden müssen. Durch Zuordnung der σ zu einer gewissen Anzahl von Ausbreitungsklassen (meist 5—7) lassen sich die Ausbreitungsbedingungen schematisieren. Die σ sind eine Funktion von Quellentfernung x und dem Stabilitätsgrad bzw. der Ausbreitungsklasse. Die Ausbreitungsklasse läßt sich leicht aus Routinebeobachtungen abschätzen. Zur Berechnung mittlerer Konzentrationen sind Häufigkeitsverteilungen von Windrichtung, Windgeschwindigkeit und Stabilitätsgrad für den Zeitraum erforderlich, für den die mittlere Konzentration zu berechnen ist.

Diese Modelle haben durchaus ihre Berechtigung zur Routinebegutachtung, z. B. zur Festlegung von Schornsteinmindesthöhen oder Überschreitungshäufigkeiten von mittleren jährlichen Konzentrationen. Ein Vorteil ist, daß diese Modelle wenig aufwendig und leicht nomographisch aufzubereiten sind. Unbrauchbar sind sie jedoch, wenn Immissionskonzentrationen für besondere Einzelsituationen berechnet werden sollen.

Analytische Lösungen der Gleichung (1) sind auch für bestimmte Quellkonfigurationen angebbar, wenn eine Höhenabhängigkeit von Windgeschwindigkeit und vertikalem Diffusionskoeffizienten angenommen wird, z. B. in Form eines Potenzansatzes für u und K_z oder auch nach dem Vorgehen von BERLJAND (logarithmisches Windprofil, K_z proportional z in der Bodenschicht und darüber konstant) [2].

Mit den numerischen Ausbreitungsmodellen lassen sich im Prinzip alle Aufgabenstellungen behandeln, besonders solche, für die die analytischen und die GAUSS-Modelle nicht brauchbar sind: z. B. zeitliche Emissionsänderungen (wichtig für Havarien), windschwache Situationen, zeitliche und räumliche Änderungen meteorologischer Bedingungen (wobei besonders wichtig die Berücksichtigung der Höhenabhängigkeit der Wind- und Diffusionskoeffizientenprofile ist), Zerfalls-, Ablagerungs- und Umwandlungsprozesse sowie Orographie und Rauhigkeit, die bei einfachen Modellen nur mit Hilfsvorstellungen berücksichtigt werden können. Diese Modelle sind damit besonders geeignet zur Behandlung von Einzelsituationen.

Der Nachteil numerischer Ausbreitungsmodelle ist, daß sie recht aufwendig sind und oft nicht routinemäßig gemessene Daten benötigen.

An den Gitterschnittpunkten sind die meteorologischen Variablen in Abhängigkeit vom Ort, bei instationären Modellen auch in Abhängigkeit von der Zeit vorzugeben, ebenso die räumliche und zeitliche Verteilung der Emission. Die Gitterweite ist dabei in Abhängigkeit vom zu lösenden Problem zu wählen. Wir wollen 3 Möglichkeiten zur Beschaffung des meteorologischen Input unterscheiden:

1. In einer stationären und horizontal homogenen Grenzschicht sind die benötigten Profile nur eine Funktion der Höhe *z*.
   - Vielversprechend für eine Berechnung realistischer Profile in der Bodenschicht ist die Verwendung der Bodenschicht-Ähnlichkeitsbeziehungen. Die benötigten turbulenten Bodenflüsse für Wärme und Impuls werden lediglich aus Routinedaten für den Wind sowie Rauhigkeitslänge und Nettostrahlungsindex, Energiebilanz am Boden o. ä. unter Zuhilfenahme empirischer Beziehungen bestimmt [12], [10], [16], [6]. Für Boden- oder bodennahe Quellen ist das ausreichend.
   - Komplizierter ist es, wenn man Profile auch für die Oberschicht benötigt, in der barokline Effekte, Windrichtungsänderungen, low level jets und Inversionen auftreten. Am einfachsten ist wieder die Verwendung von Potenzprofilen wie bei den analytischen Modellen. Stabilitäts- und Rauhigkeitseinflüsse lassen sich im Potenzexponenten berücksichtigen. Man muß sich jedoch darüber im klaren sein, daß man damit zwar eine realistischere Beschreibung der „normalen atmosphärischen Verhältnisse“ erreicht als mit den Annahmen für die Profile im GAUSS-Modell, daß man damit aber keine aktuellen Situationen modellieren kann, bei denen die Profile von den klimatologischen in stärkerem Maße abweichen.

   Auf die Verbesserung dieser Gegebenheit sind die Arbeiten am Bereich Meteorologie und Geophysik der Humboldt-Universität Berlin ausgerichtet:
   - Zum einen werden Profile des vertikalen Diffusionskoeffizienten aus empirischen Winddaten (von Routineradiosondenaufstiegen) ermittelt. Dabei werden Stabilität und ein linear höhenveränderlicher geostrophischer Wind berücksichtigt [3], [8], [11].
   - Zum anderen werden Profile von Wind und Diffusionskoeffizient auf theoretischem Wege mit Hilfe von differentiellen Grenzschichtmodellen ermittelt, wobei für den vertikalen Diffusionskoeffizienten ad hoc-*K*-Ansätze und der Mischungslängenansatz von WIPPERMANN genutzt werden [1], [9].
2. Berechnung des benötigten Geschwindigkeitsfeldes und der Diffusionskoeffizienten mit Hilfe eines Mesomodells: Dieser Weg ist recht aufwendig, gestattet aber im Prinzip sowohl die Berücksichtigung der vertikalen Inhomogenität des Feldes meteorologischer Größen wie auch die durch die Unterlage bedingte horizontale Inhomogenität [5]. Auf der Grundlage vorzugebender lokaler und synoptischer Parameter werden die Modifikationen der großräumigen Felder im mesoskaligen Gebiet simuliert (z. B. [15]).
3. Benutzung von nicht routinemäßig gewonnenen Messungen als Grundlage zur Gewinnung vertikaler Profile:
   Als sehr geeignet für diesen Zweck wird die indirekte Sondierung mit dem DOPPLER-Sodar-Verfahren angesehen, eventuell gekoppelt mit einem Meßmast für die unteren 20 m zur Bestimmung der turbulenten Bodenflüsse.

   Aber auch örtliche eingerichtete Meßnetze werden benutzt, bestehend aus den üblichen meteorologischen Bodenmeßstationen für Messungen in der Horizontalen und Türmen oder Masten für Messungen in der Vertikalen, ergänzt durch Radiosondenmessungen für die Gewinnung von Winddaten aus größeren Höhen und zur Bestimmung der Mischungshöhe. Die gemessenen Winddaten werden auf die einzelnen Gitterflächen des Modells interpoliert. Zur Parametrisierung der vertikalen turbulenten Diffusion verwendet man einen Ansatz, der von den zur Verfügung stehenden gemessenen Daten abhängt. Diese Methoden eignen sich zur Überwachung von Städten [14] oder Kernkraftwerken [7], sind aber nicht ohne weiteres auf entferntere Orte übertragbar. Sie stellen aber zur Zeit die einzige Möglichkeit dar, wirkliche aktuelle Profile zu erhalten.

Da über die horizontalen Diffusionskoeffizienten wenig bekannt ist, werden diese in angewandten Studien häufig konstant oder proportional zum vertikalen Diffusionskoeffizienten und der Gitterweite gesetzt. Manchmal wird die horizontale Diffusion auch durch Annahme einer GAUSS-Verteilung in der Horizontalen beschrieben.

Zusammenfassend läßt sich feststellen, daß infolge der unterschiedlich gestellten Aufgaben keine einheitliche Gesamtbehandlung der Ausbreitungsproblematik sowohl hinsichtlich der Art und Weise der Modellierung als auch des Bedarfs an Grundschichtdaten möglich ist. Beides, Modell und Input, ist entsprechend der Aufgabe zu wählen, wobei auf eine sinnvolle Ergänzung der Modelle untereinander zu achten ist.

Literatur

[1] ALBERT, H. F.: Über ad hoc-Ansätze für den Turbulenzkoeffizienten zur Berechnung des Windprofils in der Planetarischen Grenzschicht. Diss. A, HU Berlin (1981), unveröff.

[2] BERLJAND, M. E.: Moderne Probleme der atmosphärischen Diffusion und der Verschmutzung der Atmosphäre. Akademie-Verlag, Berlin 1982, 435 S.

[3] BIELING, U.: Empirische Bestimmung von Vertikalprofilen des Turbulenzkoeffizienten in der Planetaren Grenzschicht. Diplomarbeit, HU Berlin (1982), unveröff.

[4] DUNST, M.: Ergebnisse von Modellberechnungen zur Ausbreitung von Stoffbeimengungen in der planetaren Grenzschicht. Z. Meteor., Berlin **30** (1980) 1, 47—59.

[5] ETLING, D.: Meso-Scale Modelle. Promet **11** (1981) 1, 1—26.

[6] GOLDER, D.: Relations among stability parameters in the surface layer. Bound. Layer Meteor. **3** (1972), 47—58.

[7] HINRICHSEN, K.: Erste Version eines anwendungsfreundlichen deterministischen Ausbreitungsmodells, geeignet für Genehmigungsverfahren und in der Umgebungsüberwachung. Staub **42** (1982) 6, 237—243.

[8] LETTAU, H. H.; HOEBER, H.: Über die Bestimmung der Höhenverteilung von Schubspannung und Austauschkoeffizient in der atmosphärischen Reibungsschicht. Beitr. Phys. Atm. **37** (1964), 105—118.

[9] MIX, W.: Vertikale Profile des horizontalen Windvektors und des Turbulenzkoeffizienten in einer planetarischen Grenzschicht mit eingelagerter Temperaturinversion. Diss. A, HU Berlin (1980), unveröff.

[10] RAGLAND, K. W.: Multiple box model for dispersion of air pollutants from area sources. Atm. Env. **7** (1973), 1017—1032.

[11] RENTSCH, H.: Empirische Bestimmung vertikaler Profile des Turbulenzkoeffizienten in der planetarischen Grenzschicht der Atmosphäre. Diplomarbeit, HU Berlin (1981), unveröff.

[12] SCHAYES, G.: Direct determination of diffusivity profiles from synoptic reports. Atm. Env. **16** (1982) 6, 1407—1413.

[13] SEINFELD, J. H.: Air Pollution-Physical and Chemical Fundamentals. McGraw-Hill, New York 1975. 523 S.

[14] SHIR, C. C.; SHIEH, L. J.: A generalized urban air pollution model and its application to the study of SO_2 distributions in the St. Louis metropolitan area. J. appl. Meteor. **13** (1974) 2, 185—204.

[15] TANGERMANN-DLUGI, G.: Numerische Simulationen von Transportvorgängen in inhomogenem Gelände. Ann. d. Meteor. (N.F.) **16** (1980), 137—139.

[16] VENKATRAM, A.: Estimating the Monin-Obukhov length in the stable boundary layer for dispersion calculations. Bound. Layer Meteor. **19** (1980), 481—485.

Zur Berücksichtigung von Effekten der Turbulenzreibung in Modellen der numerischen Wettervorhersage

von U. Damrath

Gegenstand der numerischen Wettervorhersage ist die Beschreibung von Prozessen in nahezu der gesamten Atmosphäre. Es gilt hierbei, eine große Anzahl physikalischer Vorgänge, mathematischer Formalismen und ökonomischen Forderungen zu beachten, um für das gestellte Problem, der Prognose von Druck- bzw. Geopotentialverteilung, Vertikalbewegungen, Niederschlag und Trajektorien usw. eine Lösung zu finden, die sowohl inhaltlich nutzbringend zu verwenden ist als auch rechtzeitig den Anwendern zur Verfügung gestellt werden kann. Alle diese Gesichtspunkte führen auf ein komplexes, i. allg. voll automatisiertes System von Erkennung der Daten sowie Berechnung von Analysen und Prognosen, in dem ein jeder der zu beachtenden Faktoren einen solchen Rang in der Liste der Prioritäten genießt, wie er seinem Einfluß auf die Qualität des Endergebnisses entspricht. Der Versuch der Wichtung der unterschiedlichen Einflußgrößen erfordert verschiedene Arten des Vorgehens: Scaleanalyse, theoretische Prüfung der Invarianzeigenschaften der vereinfachten Gleichungen, Untersuchung der linearisierten Gleichungen und schließlich Testrechnungen. Ein Ergebnis solcher Überlegungen ist die bei Robert (1976) zu findende Rangfolge der Wichtigkeit verschiedener Faktoren für die Qualität einer numerischen Vorhersage. Hier ist die Berücksichtigung der Reibung an siebenter Stelle aufgeführt und rangiert hinter solchen Einflüssen wie der Beachtung von Niederschlagsprozessen und der Orographie, aber noch vor der Parametrisierung von Konvektion und der Berücksichtigung der Strahlung. Allerdings geht aus dieser Zusammenstellung auch hervor, daß ein großer Teil der durch die Beachtung von Reibungseinflüssen im betrachteten numerischen Vorhersagemodell resultierenden Effekte schon durch die Verwendung eines einfachen Ansatzes erzielt werden kann. Dies ist auch verständlich, wenn man bedenkt, daß in den Modellen zur numerischen Wettervorhersage zur Simulation von sich in der atmosphärischen Grenzschicht vollziehenden Prozessen bis zur Mitte der siebziger Jahre nur eine oder zwei Modellflächen verwendet wurden und aufgrund der begrenzten Computerkapazität auch keine höhere vertikale Auflösung der Grenzschicht möglich war. Erst seit etwa fünf Jahren werden auch in einigen operativen Modellen zur Modellierung von Grenzschichtvorgängen vier und mehr Modellflächen verwendet. Damit wachsen naturgemäß die Möglichkeiten, die vertikale Struktur der Grenzschicht in numerischen Vorhersagemodellen realistischer abzubilden; es steigen aber auch die Ansprüche bezüglich der Wirklichkeitsnähe der zu reproduzierenden vertikalen Struktur, und es erhebt sich von neuem die Frage nach der Art des effektivsten Schließungsalgorithmus zur Berechnung der turbulenten Flüsse von Impuls, Wärme und Wasserdampf.

Es soll im folgenden ein kurzer Überblick über die international gebräuchlichen Methoden zur Berücksichtigung der Vorgänge in der atmosphärischen Grenzschicht gegeben werden und dabei auch gezeigt werden, welchen Zuwachs an Prognosequalität man durch die Beachtung der genannten Prozesse erwarten kann.

Der Typ der in den verschiedenen meteorologischen Zentren verwendeten Modelle hängt von unterschiedlichen Faktoren ab. Die drei wesentlichen sind die rechentechnischen Möglichkeiten, die operativen Bedürfnisse und auch die Personalkapazität. Das Zusammenspiel dieser drei Faktoren hat in der Vergangenheit dazu geführt, daß in solchen nationalen Zentren wie Potsdam, Helsinki, Den Haag oder Bukarest operative Modelle im Einsatz sind, die mit drei bis sechs Rechenflächen arbeiten und in denen der Einfluß der Reibung in der Grenzschicht daher nur durch die Modifikation der Modellgleichung für die unterste Modellfläche bzw. durch die Annahme einer reibungsbedingten Vertikalbewegung an der Modelluntergrenze simuliert wird.

Man spricht in diesem Zusammenhang von einer integralen Betrachtungsweise der Grenzschicht. Die einfachste Möglichkeit zur Berechnung einer reibungsbedingten Vertikalbewegung besteht in der Annahme des Gleichgewichts von Druckgradientkraft, Corioliskraft und Reibungskraft — dem geotriptischen Wind —, der Ekman-Hypothese über die vertikale Struktur des Austauschkoeffizienten und einer inkompressiblen Strömung in der Grenzschicht. Unter diesen Voraussetzungen gelingt es, einen Ausdruck für die reibungsbedingte Vertikalbewegung in einer genügend großen Höhe über dem Erdboden abzuteilen, die von folgendem Typ ist

$$w(H) = F \cdot \zeta_g , \qquad F = F(K, f, c, \alpha) > 0 \qquad (1)$$

(ζ_g — geostrophische Vorticity). Diese Beziehung enthält die bekannte Aussage über reibungsbedingt aufsteigende Luftbewegung in Zyklonen und Absinken in Hochdruckgebieten. Der Faktor F hängt vom Austauschkoeffizienten, von der geographischen Breite und — bei Taylorschen Randbedingungen — von Bodenreibungsparametern ab. Vor allem die Einfachheit der Handhabung und auch die trotz der einschneidenden Voraussetzungen überraschend guten Resultate bei der Verwendung dieser reibungsbedingten Vertikalbewegung führten wohl dazu, daß diese Art der Berücksichtigung des Einflusses der Reibung auch heute noch in operativen Modellen eingesetzt wird. Trotzdem bleibt als Mangel festzustellen, daß die Voraussetzungen zur Berechnung der reibungsbedingten Vertikalbewegung sehr vereinfachend sind, und daher ist in der Vergangenheit nach Wegen gesucht worden, die Vertikalbewegung an der Modelluntergrenze realistischer vorzugeben. So wird beispielsweise von BERNHARDT (1971) ein Ausdruck für die generalisierte Vertikalbewegung an der Obergrenze der Grenzschicht abgeleitet, der nicht nur auf der geotriptischen Approximation des Windes schlechthin, sondern auch auf der geotriptischen Approximation des Windvektors im Beschleunigungsterm $\frac{d\boldsymbol{v}}{dt}$ beruht.

$$\boldsymbol{v} = \tilde{\boldsymbol{v}} + \frac{k}{f} \times \frac{d\tilde{\boldsymbol{v}}}{dt} \tag{2a}$$

$$\tilde{\boldsymbol{v}} = \boldsymbol{v}_g + \frac{g}{f} k \times \frac{\partial \boldsymbol{\tau}}{\partial p} \tag{2b}$$

($\boldsymbol{v}_g$ — geostrophischer Windvektor, $\boldsymbol{\tau}$ — Schubspannungsvektor). Die Gleichung zur Berechnung der Vertikalbewegung an der Obergrenze der Grenzschicht lautet:

$$\omega(H) = \frac{P_0}{RT_0} \frac{\partial \Phi_0}{\partial t} - \frac{1}{f^2\left(1 + \frac{\tilde{\zeta}_{gp_1}}{f}\right)} \left[\beta \left(\delta p \frac{\partial \Phi}{\partial x} + g\tau_{x_0} \right) + \delta p \left(\Delta \frac{\partial \Phi}{\partial t} + \frac{1}{f} J(\Phi, \Delta\Phi) \right) + g\nabla \cdot \frac{\partial \tau_0}{\partial t} + \frac{g}{f} (J(\Phi, \nabla \cdot \tau_0) + k \cdot \tau_0 \times \Delta\Phi + fk \cdot \tau_0 \times (\tilde{\zeta} - \zeta)_{p_2} + f^2 k \cdot \nabla \times \tau_0) - f\nabla \cdot \left(k \times \left(\frac{\partial \boldsymbol{v}}{\partial p}\right)_{p_3} \int_{p(H)}^{p_0} \omega dp \right) \right] \tag{3}$$

(Φ — Geopotential, β — ROSSBY-Parameter, δ — barische Mächtigkeit der Grenzschicht, τ_{x_0} — x-Komponente des Schubspannungsvektors, g — Schwerebeschleunigung, R — Gaskonstante, T_0 — Bodentemperatur, p_1, p_2, p_3 — Drucke zwischen p_0 und $p(H)$, die sich aus Mittelungsalgorithmen ergeben).

Eine etwas vereinfachte Version dieses integralen Grenzschichtmodells wurde von KIEU und VOGLER mit dem Prognosemodell von HERZOG (1973) gekoppelt, und die dabei erzielte Verbesserung der Vorhersagen besonders in den unteren Vorhersageflächen wurde zum Anlaß genommen, bei der Entwicklung des operativen Vorhersagemodells des Meteorologischen Dienstes der DDR ebenfalls von der geotriptischen Approximation des Windes in der Grenzschicht Gebrauch zu machen. Im Unterschied zum traditionellen Vorgehen wird aber die geotriptische Approximation nicht benutzt, um eine untere Randbedingung für die generalisierte Vertikalbewegung zu gewinnen, sondern sie wird in die Prognosegleichung für das Geopotential der 1000-mbar-Fläche direkt eingeführt. Die so erreichte Modellierung des Reibungseinflusses repräsentiert com Inhalt und vom Aufwand her den Stand, der für gefilterte Modelle noch als sinnvoll und nutzbringend bezeichnet werden kann.

Bei der numerischen Integration sind Differentialgleichungen der allgemeinen Form

$$\nabla^2 \frac{\partial \psi_i}{\partial t} + \sum_{j=1}^{5} a_{ij} \frac{\partial \psi_j}{\partial t} = F_i(\psi_i, \psi_j \ldots, \tau_0) \tag{4}$$

zu lösen (Ψ — Stromfunktion). Der Bodenschubspannungsvektor wird dabei über

$$\tau = \varrho \xi^2 |\nabla \Psi| (\cos \alpha k_x \nabla \Psi - \sin \alpha \nabla \Psi)$$

berechnet, wobei geostrophischer Spannungskoeffizient ξ und Ablenkungswinkel α an dem Widerstandsgesetz

$$\sin \alpha = \frac{\xi}{\varkappa} A \tag{5a}$$

$$\ln R_0 = B - \ln \xi + \sqrt{\left(\frac{\varkappa}{\zeta}\right)^2 - A^2} \tag{5b}$$

(A, B — universelle Funktionen, Ro — ROSSBY-Zahl, $\varkappa$ — v. KARMANsche Konstante) bestimmt werden.

Die folgende Tabelle gibt Aufschluß über den erreichten Grad der Prognoseverbesserung anhand einer 30tägigen Stichprobe.

Tabelle 1
Mittlerer quadratischer Fehler (m) für 30 Prognosen bei drei unterschiedlichen Modellversionen

	ohne Reibung	Ekmanansatz für Vertikalbewegung	operatives Modell
1000 mbar	40,1	37,5	33,9
500 mbar	40,5	40,4	39,8

Die Tabellenwerte verdeutlichen vor allem den positiven Effekt der Berücksichtigung der Reibung im Bereich der 1000-mbar-Fläche und unterstreichen die Nützlichkeit einer anspruchsvollen Art der Reibungsmodellierung in unserem operativen Prognosemodell.

Im vergangenen Jahrzehnt sind auf der internationalen Ebene immer mehr jene Modelle in den Vordergrund gerückt, die auf der Grundlage der Bewegungsgleichungen selbst aufbauen. In diesen Modellen kommt es bei der Reibungsmodellierung u. a. darauf an, den Term $\frac{\partial \tau}{\partial \eta}$ (τ — Schubspannungsvektor, η — Vertikalkoordinate) zu berechnen.

In den ersten operativen primitiven Modellen wurden der Reibungsterm über

$$\frac{\partial \tau}{\partial \eta} = - \frac{\tau_0}{\Delta \eta} \tag{6a}$$

bestimmt und für τ_0 die Beziehung

$$\tau_0 = c_d |\boldsymbol{v}| \, \boldsymbol{v} \tag{6b}$$

benutzt. Bei diesem Vorgehen setzt man die physikalisch unbefriedigende Annahme der Parallelität von Reibungskraft und Windvektor in dem Modellniveau voraus, für das Gl. (6a) gelten soll.

Unter den verschiedenen Schließungsmöglichkeiten genießt momentan ein Ansatz für den Austauschkoeffizienten gekoppelt mit einem BULK-Ansatz für die Bodenschubspannung Vorrang. Im globalen Modell des ECMWF, das vor allem für mittelfristige Vorhersagen gedacht ist und eine sehr hohe horizontale und vertikale Auflösung besitzt, wird ein Parametrisierungsschema verwendet, in dem die Erkenntnisse der modernen Grenzschichttheorie weitestgehend verarbeitet sind. So wird die Schubspannungsgeschwindigkeit u_x als Funktion der Rauhigkeitshöhe, der Stabilität und der Windgeschwindigkeit im untersten Modellniveau über den Spannungskoeffizienten berechnet. Die Mischungsweglänge wird in Abhängigkeit von Schichtung und Windscherung modelliert. Bei der Parametrisierung der Bodenflüsse werden die universellen Profilfunktionen integriert und die noch in den dann resultierenden Beziehungen enthaltene dimensionslose Höhe durch Hinzunahme der Gleichung für das unterste Modellniveau eliminiert.

Es ergibt sich für den Spannungskoeffizienten c_d folgender Ausdruck

$$c_d = \frac{\varkappa}{\ln \frac{z_1}{z_0} - \psi\left(RT_B, \frac{z_1}{z_0}\right)} \tag{7}$$

(RT_B — RICHARDSON-bulk-Zahl, z_1 — unterstes Modellniveau, z_0 — Rauhigkeitshöhe). Für den Austauschkoeffizienten wird in allgemeiner Form

$$K = l^2 F\left(\left|\frac{\partial v}{\partial z}\right|, \frac{\partial \Theta}{\partial z}, \frac{g}{\Theta}\right) \tag{8}$$

angenommen, wobei die Funktion F für stabile und labile Situationen unterschiedliche Form hat. Die Mischungsweglänge l wird aus dem BLACKADARschen Ansatz

$$l = \frac{\varkappa z}{1 + \frac{Kz}{\lambda}} \tag{9}$$

mit $\lambda = 300$ m berechnet.

Die Elimination der dimensionslosen Höhe ist analytisch nicht in jedem Fall ausführbar, so daß dann iterative Methoden angewendet werden müßten. Iterative Methoden sind wegen ihres im allgemeinen hohen Rechenzeitbedarfs für operative Zwecke nicht geeignet. Daher müssen Näherungsformeln benutzt werden. Solche Näherungsformeln werden übrigens auch im operativen Modell des MD zur Berechnung des geostrophischen Spannungskoeffizienten aus dem Widerstandsgesetz verwendet.

Die Anwendung der beiden hier referierten Methoden der Berücksichtigung von Reibungseffekten in numerischen Vorhersagemodellen, die integrale Behandlungsweise in Modellen mit grober vertikaler Auflösung und die differentielle Behandlungsweise in Modellen mit hoher vertikaler Auflösung ist auch kennzeichnend für die Leistungsfähigkeit der bei den Modellrechnungen verwendeten Computer. Einfachere Modelle sind mit Computern zu betreiben, die eine Operationsgeschwindigkeit von etwa 1 Million Operationen pro Sekunde (MIPS) ausführen können, vertikal hoch auflösende Modelle auf der Basis der primitiven Gleichungen mit anspruchsvollen Parametrisierungsschemata müssen auf Rechnern mit einer Operationsgeschwindigkeit von 20 bis 100 MIPS integriert werden. Der operative Einsatz von Schließungsalgorithmen zur Berechnung der turbulenten Flüsse auf der Grundlage von Methoden der Momente höherer Ordnung erfordert schließlich noch weitaus leistungsfähigere Großrechenanlagen.

Literatur

BERNHARDT, K.: Die Vertikalbewegungen im quasigeotriptischen Windfeld der Bodenreibungsschicht. Z. Meteor. **22** (1971) 1—5, 39—45.

HERZOG, H.-J.: Darstellung der bei der Entwicklung eines quasigeostrophischen Prognosemodells gewonnenen Erfahrungen und einige Probleme beim Übergang zu den vollständigen Gleichungen. Abh. Meteor. Dienstes der DDR **XIV** (1973) 110, 130—137.

ROBERT, A.: Sensitivity experiments for the development of NWP models, Proceedings of the 11. Stanstead Seminar. Publication in Meteorology No. 114, Montreal (1976), 68—81.

TIEDTKE, M.; GELEYN, J.-F.; HOLLINGSWORTH, A.; LOUIS, J.-F.: Parametrization of subgrid Scale Processes. Technical Report No. 10, ECMWF, Shinfield Park, Reading 1979.

Zusammenfassung der Diskussion zum Thema „Probleme und Anwendungen der Physik der Grundschicht“

von K. Bernhardt und S. Richter

Im Anschluß an den Übersichtsvortrag von K. Bernhardt und die Beiträge der Teilnehmer am Rundtischgespräch äußerte sich zu Beginn der Diskussion G. Götschmann darüber, welche Informationen aus dem Grundschichtbereich für die klimatologische Beratung von besonderer Bedeutung sind. Grundsätzlich sei festzustellen, daß angeforderte Gutachten sich auf Standorte in vorgegebenem Gelände beziehen, das den Voraussetzungen der Ähnlichkeitstheorie in bezug auf horizontale Homogenität in der Regel nicht genügt, so daß die Aussagen der Gutachten nahezu ausschließlich auf Daten des Beobachtungsnetzes beruhen, zugleich aber dem internationalen Stand entsprechen müssen. Am Beispiel von Fragestellungen im Zusammenhang mit der Windenergienutzung wurde deutlich gemacht, daß die benötigten Angaben gegenwärtig weder von experimenteller noch von theoretischer Seite her als hinreichend zuverlässig gelten können. Da die von Windkraftanlagen erbrachte Leistung der dritten Potenz der Windgeschwindigkeit proportional ist und da der Betrieb der Anlagen nur unter bestimmten meteorologischen Bedingungen rentabel ist, werden vor allem Aussagen über Häufigkeit und Andauer der Über- und Unterschreitung bestimmter Schwellenwerte der Windgeschwindigkeit in Höhen bis etwa 150 oder 200 m benötigt. Die derzeit verfügbaren Potenzansätze zur Bestimmung des vertikalen Windprofils sind hinsichtlich ausreichender Kenntnisse der jeweiligen Exponenten unter konkreten Untergrund- und Schichtungsbedingungen problematisch.

Ein weiterer Bedarf an Informationen besteht in bezug auf die Ermittlung der Windlast auf Bauwerte bis zu etwa 500 m Höhe, wofür in der Gutachtertätigkeit Angaben über Spitzenwerte der Windgeschwindigkeit für Fünfjahreszeiträume erforderlich sind. Gegenwärtig wird noch von der statischen Betrachtung der Windlast ausgegangen; für die Betrachtung der Windlast als dynamischer Größe ist darüber hinaus die Kenntnis des Turbulenzspektrums notwendig.

Für die genannten Bedarfsträger an Grundschichtinformationen sind ferner Angaben über das Auftreten niedertroposphärischer Strahlströme, das Vorkommen von Windsprüngen bei konvektiven Vorgängen sowie über das Windprofil in Kamm- und Gipfellagen von Interesse.

Der weitere Verlauf der Diskussion wurde von der Erörterung der Möglichkeiten zur Gewinnung von praxisrelevanten Grundschichtinformationen aus Routineradiosondenaufstiegen bestimmt. B. Klose legte dar, daß die routinemäßig ausgewerteten Aufstiege zur Erlangung detaillierterer Kenntnisse nicht ausreichen, sondern daß spezielle Auswertungen der Originalregistrierungen erforderlich sind, die einen sehr unregelmäßigen Verlauf der Ballonpositionen in den ersten Aufstiegsminuten zeigen. Dringend wünschenswert wäre es, wenn die Peildaten nicht erst, wie gegenwärtig, für Schrägentfernungen ab ca. 600 m vorlägen. Die Diskussionsrednerin berichtete ferner über ausführliche Rechnungen zur Abschätzung der Windrichtungs- und -geschwindigkeitsfehler bei operativen Radiosondenaufstiegen im Grundschichtbereich.

W. Hering verwies auf die Notwendigkeit, die Forderungen der verschiedenen Bedarfsträger hinsichtlich der Gewinnung von Grundschichtdaten aus Routineradiosondenaufstiegen genauer zu erfassen. A. Mäde erinnerte an die Möglichkeiten der Rauchfahnenvermessung zur Ableitung von Grundschichtparametern.

E. Asseng erläuterte die Eignung des Radiosondierungssystems RKS 5/Meteorit für Grundschichtuntersuchungen. Dabei seien zunächst die Varianten einer grundschichtspezifischen Auswertung des bei Routineaufstiegen anfallenden Materiales und spezieller grundschichtspezifischer Aufstiege mit Veränderung der Sondierungstechnik zu unterscheiden. Derartige spezielle Aufstiege mit einer Verdoppelung der Datendichte bei Ausgabe auf den Originalregistrierungen sind z. B. die Ozonsondenaufstiege; eine ähnliche Auswertung sei auch für Grundschichtuntersuchungen denkbar. Infolge der Trägheit der Geber könnte dabei eine zweckmäßige Glättung der Aufstiegsdaten einen höheren Informationsgewinn erbringen als eine Meßwerterfassung in 2,5-s-Abständen. Der prinzipielle Mangel des Systems, während der Erfassung eines Parameters auf die gleichzeitige Messung der anderen verzichten zu müssen, lasse sich derzeit nicht beheben; jedoch sei es denkbar, für bestimmte Zwecke auf die Messung eines Parameters — z. B. der Feuchte — zu Gunsten einer höheren Meßdichte bei der Erfassung eines anderen Parameters völlig zu verzichten. E. Asseng betonte die Notwendigkeit spezieller Untersuchung zum Streufehler der verwendeten Meßfühler durch eine sorgfältige Analyse der physikalischen Grundlagen des Meßverfahrens, darunter auch auf dem Wege von Laboratoriumsuntersuchungen, um auf diese Weise nähere Aufschlüsse über den Zusammenhang zwischen registrierten und tatsächlichen atmosphärischen Strukturen im Grundschichtbereich erlangen zu können.

K. JA. KONDRAT'EV (Leningrad) machte auf einige zweifelhafte Annahmen bzw. Vereinfachungen in der Grenzschichttheorie aufmerksam: Die turbulenten Flüsse werden in der Bodenschicht als höhenkonstant und das meteorologische Regime als stationär angenommen, obgleich sich die turbulenten Flüsse gerade in Bodennähe mit der Höhe am stärksten ändern und hier außerdem markante Tagesgänge aufträten. Des weiteren würden für den Wärmehaushalt der Atmosphäre so grundlegende Prozesse, wie Strahlung, Konvektion und Phasenumwandlungen des Wassers nicht berücksichtigt. Schließlich betrachte man die Grenzschicht als wolkenlos.

In seiner Antwort bemerkte K. BERNHARDT, daß die meisten turbulenten Flüsse tatsächlich ihre stärkste Veränderlichkeit mit der Höhe in Bodennähe zeigten und sich die vorausgesetzte Quasikonstanz der turbulenten Flüsse mit der Höhe nur durch die Kleinheit ihrer relativen, das heißt auf den Betrag der Flüsse an der Erdoberfläche bezogenen Änderungen rechtfertigen lasse. Wie im vorangegangenen Vortrag aus Zeitmangel nicht näher ausgeführt, lasse sich der Einfluß der Instationarität ebenso wie der der tatsächlichen Höhenveränderlichkeit der Ströme durch die Einführung einer charakteristischen Länge beschreiben, mit deren Hilfe die vertikale Mächtigkeit der Bodenschicht als ein Bruchteil der genannten charakteristischen Länge definiert werden könne. In völliger Übereinstimmung mit K. JA. KONDRAT'EV hielt der Vortragende die Einbeziehung der Strahlungsströme, der Phasenumwandlungen sowie der Bewölkung für grundlegende Schritte zur Weiterentwicklung der Theorie der Grenzschicht, bezweifelte aber, ob eine solche Erweiterung noch innerhalb des Rahmens der Ähnlichkeitstheorie möglich sei.

D. SPÄNKUCH gab zu bedenken, daß die direkten Methoden zur Grundschichtsondierung den Anforderungen vor allem hinsichtlich des Maßstabes der Datengewinnung und der Verwendung der Daten für Zwecke der Modellierung nur in sehr beschränktem Maße genügten und verwies auf die vergleichsweise größeren Möglichkeiten der indirekten Sondierung von der Erdoberfläche aus. Der Hinweis auf die hohen Kosten indirekter Sondierungstechnik träfe wohl für die Anschaffung zu, dagegen sei die indirekte Sondierung bei großem und kontinuierlichem Datenanfall äußerst preisgünstig. Die internationale Entwicklung habe bestätigt, daß weitere wesentliche Ergebnisse bei der experimentellen Erforschung der Grundschicht durch Messungen an speziellen Masten, vor allem aber mit indirekten Meßverfahren zu erzielen seien.

Das Rundtischgespräch endete mit abschließenden Bemerkungen von K. BERNHARDT und A. MÄDE, dem seinerzeitigen Präsidenten der Meteorologischen Gesellschaft der DDR.

Kolibri 360 GmbH
Ferdinand-Jühlke-Straße 7
99095 Erfurt, Deutschland
produktsicherheit@kolibri360.de